KOSEN発
未来技術の社会実装

高専におけるCAEシミュレーションの活用

著者：板谷 年也・吉岡 宰次郎・橋本 良介

JN124601

近代科学社 Digital

まえがき

　国立高等専門学校（高専）の研究ネットワーク活動を通して，筆者らは共通して電磁気現象を利用した非破壊検査の高度化のために CAE シミュレーションを活用し研究開発していることや，高専の卒業研究や特別研究において実践的技術者教育まで行っていることに気づきました。そこで，研究室で共同して CAE シミュレーションを行うことになりました。これにより，これまで閉じた世界で行っていた電磁界シミュレーションについて，それぞれの CAE のノウハウを共有することができました。

　さて，高専の教育研究の特徴として，1 人当たりの教員が担当する卒業研究および特別研究の学生数が少ないため，学生と教員の距離が近いことが挙げられます。また，若手教員が着任時から独立した研究室を主催するため，研究テーマの自由度や比較的自由に研究連携を図ることができるのも特徴の一つです。このような高専特有の背景のもと，著者らは研究ネットワーク活動を推進できたと考えています。

　本書は，これから卒業研究に取り組む高専生や若手技術者にまず読んでもらいたいという気持ちで執筆しました。

　第 1 章では，高専の CAE 教育の現状と課題を解説します。第 2 章では，電磁気を応用した探傷試験法（渦電流探傷・漏洩磁束探傷）を解説します。第 3 章では，磁気光学イメージングを解説します。第 4 章では，未来技術の社会実装の高度化に向けた取り組みを解説します。

　高専は日本独自の教育システムで，唯一無二の高等教育機関です。また本書は，新時代の高専の若手研究者らで執筆しました。そのため，日本から世界へ新しい風を吹き込むイメージで，タイトルに「KOSEN」を入れました。読者の皆様には高専の教育研究を広く知っていただくとともに，本書を若手技術者の方の技術開発や CAE 教育にお役立ていただければ幸いです。

2023 年 6 月
著者一同

目次

第3章　磁気光学イメージング

第4章　未来技術の社会実装の高度化に向けて

第1章
国立高等専門学校の CAE教育の現状と課題

　本章では，国立高等専門学校（高専）の実践的技術者教育における CAE シミュレーションの現状と課題を紹介し，今後の展開を述べます。そして，筆者らの専門分野である電磁界シミュレーションおよび電磁気現象を利用した非破壊検査の高度化に関する高専研究ネットワークの活動を紹介します。

1.1　CAE シミュレーション教育の現状

　高専は，産業界からの要望により実践的な技術者を育成するための高等教育機関として 1962 年に一期校が設立されました。5 年制の教育体系で，日本独自の技術者教育システムです。図 1.1 に高専の教育システムを示します。

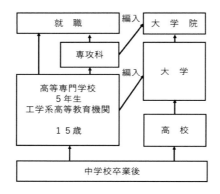

図 1.1　15 歳からの早期工学教育が特徴である高専の教育システム

　高専は中学校卒業後 15 歳から早期工学教育を行うのが特徴です。設立当初は，機械工学科，電気工学科，工業化学科，土木工学科が設置されました。その後，産業構造の変化により，情報系やバイオ系の学科増設や既存学科の改組が行われました。

　このように産業界で必要とされる人材の知識や技能が変化する中，高専教育もそれに応じて変化しています。例えば，1980 年代からコンピュータの普及によって，高専においてもコンピュータ支援設計 (CAD: Computer Aided Design) を使用した製図教育が進められました。その後，CAD との親和性の良さからコンピュータ支援工学 (CAE: Computer Aided Engineering) および CAE シミュレーションに発展しました。

　CAE シミュレーションとは，一般的に製品の設計・開発等にコン

ピュータシミュレーションを活用し，関連する物理事象を解明することで，工学的な検討を行うことといえます。

　ここで，高専におけるモデルコアカリキュラム [1] から CAD および CAE 教育の現状を見ていきたいと思います。モデルコアカリキュラムとは，高専学生が卒業するまでに身につけるべき知識や具体的な到達目標です。具体的には，高専のすべての学生に到達させることを目標とする最低限の能力水準・修得内容である「コア」と，高専教育のより一層の高度化を図るための指針となる「モデル」とを提示したものからなります。

　モデルコアカリキュラムのガイドラインは，平成 23 年度に試案が策定され，より内容を充実させて平成 29 年 4 月に策定されています。平成 30 年度から入学したすべての学生にモデルコアカリキュラムを導入した教育を実施しています。

　CAD に関する到達目標は主に製図で，機械系分野，材料系分野，建設系分野，建築分野で設定されています。高専には複合融合学科も設置されており，単独学科と複合融合学科で到達目標レベルが異なりますが，それぞれの分野の単独学科では，
「CAD システムの役割と基本機能を理解して，設計課題に適用できる」
「CAD システムの役割と基本機能を利用して実課題に適用できる」
「製図の基礎知識と土木製図の規約を説明でき，CAD による図面の作成方法と設計方法を習得し，その知識，技能を構造物の設計・製図などに使える」
「CAD の基本的な操作や機能を用い，図面の作成，修正，印刷ができる」
と設定されています。

　しかしながら，CAE に関する到達目標は設定されていません。高専での CAE シミュレーションは，機械系分野，材料系分野，電気電子分野，建設分野等において卒業研究（本科 4，5 年生が対象）や特別研究（高専卒業後の 2 年間の教育課程で，専攻科生が対象，1992 年に初めて設置）で活用されていますが，いまだ十分に技術者教育として浸透していないことがわかります。

1.2　CAE シミュレーション教育の課題

　現代産業のグローバル化，情報技術の発展，異分野技術の複合化により社会が求める技術者像は変化しました。当初，高専は中堅技術者養成が目的でしたが，これらに対応した専門教育の一層の高度化や融合化技術に関する知識や創造性をもった技術者教育に取り組んでいます。

　さて，高度なものづくりには，CAE シミュレーションは欠かせないものとなっています。CAE ソフトウェアは，有償だけでなく無償の多数のソフトウェアが存在しており，プログラムソースコードから作成しシミュレーションすることは少なくなりました。CAE シミュレーション利用のハードルは低くなりましたが，ソフトウェアとしてブラックボックス化したと思います。

　このことにより，工学系の高等教育機関における CAE シミュレーション教育は，主に CAE ソフトウェアの操作方法になっているように思います。操作方法を学ぶのみでソフトウェアなどの原理や支配方程式を十分に理解していないため，ソフトウェア使用時にメッシュ作成，計算値の設定，解の精度の理解など十分にソフトウェアを生かしきれていないのが現状ではないかと考えています。

　特に高専教育においては，卒業研究が主に 5 年生の 1 年間ですので，CAE のノウハウの継承が問題となります。5 年間の高専卒業後，さらに 2 年間学習する専攻科もありますが，大学・大学院の研究室のように博士前期課程や博士後期課程の先輩学生がいないので，CAE の使い方を初めから学習し，慣れ始めたところで，卒業研究が終わります。

　また，他の理工系高等教育機関同様に高専においても，卒業研究・特別研究・学会発表での有限要素法ソフトウェアの利用報告が多数あります。特に 1992 年からの専攻科の設置以降，専攻科生の特別研究での報告が目立つようになりました。機械系分野ではある企業の商用ソフトウェアの利用が多く見られます。電気電子分野については従来よく用いられていた商用ソフトウェアが統合したこともあり，2 種類のソフトウェアの利用を多く見ます。

　しかしながら，高専での CAE シミュレーションの商用ソフトウェアの

使用にあたって，ソフトウェア購入費や継続使用の保守費の予算問題，ソフトウェアの管理やメンテナンスする人材不足の問題があります。最近では高専が進める外部資金獲得で，これらの問題は少しずつ解決しているように思いますが，まだまだ課題は残っています。

このようなことから，高専の卒業研究や特別研究において学生が近年の複合融合的な研究や高度な CAE 活用するのが難しいのが課題です。

1.3　CAE シミュレーション教育の今後の展開

温室効果ガスについて，排出量から吸収量と除去量を差し引いた合計をゼロにする「カーボンニュートラル」の世界実現に向けて，様々な技術開発が報告されています。カーボンニュートラルは複数の物理現象を取り扱う課題が多いため，連成解析が必要です。そこで活用されているのがCAE です。例えば，CAE の研究開発活用として，バッテリや燃料電池の熱管理，二酸化炭素の回収・除去・利用，水素拡散・脆化シミュレーションなどが報告されています [2]。このように，カーボンニュートラル実現のために CAE の果たす役割は大きいといえます。さらに，未知の現象や事象の解明のために，CAE シミュレーションの高度化が求められます。

よって，高専においても従来の CAE 教育から転換し，カーボンニュートラル技術に対応した技術者育成が重要です。そのために，高専が得意とする実験・計測と組み合わせた教育展開が必要と考えます。先に述べたように高専は 15 歳からの早期工学教育を実践しており，低学年からのCAE シミュレーションの早期教育を行うことが可能です。これは，他の工学系高等教育機関と比較した場合，大きなアドバンテージです。よって，高専は 20 歳で実践的な CAE シミュレーション技術者が育成できると考えています。そのための教育として，CAE シミュレーションから得られた解が正しいか，その解析条件は最適なのか，精度はどうなのかを評価・判断できるエンジニアスキルを身に着ける教育が必要です。

そのために，高専教員にもそのエンジニアスキルが求められます。

1.4　電磁界 CAE シミュレーション

　電磁気現象を利用した非破壊検査の高度化には，電磁界 CAE シミュレーションによる対象物への磁界作用や渦電流分布の可視化が欠かせません。

　電磁界 CAE シミュレーションは，静電界，静磁界，準定常電界，準定常磁界 [3]，電磁波問題においてマクスウェルの方程式を解くことになります。解析手法は，有限要素法，積分方程式，境界要素法が用いられます。図 1.2 に一般的な電磁界 CAE シミュレーションソフトウェアの構成を示します。

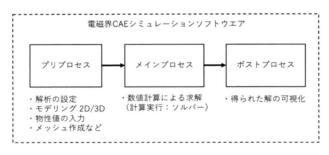

図 1.2　一般的な電磁界シミュレーションソフトウェアの構成

　1990 年代あたりまでは，プリプロセス，メインプロセス，ポストプロセスが別々に構成される数値解析システムが主流でした [4]。メインプロセスでは，求めたい磁束密度や渦電流密度などの値を数値解析のプログラム（主に FORTAN 言語）で得ます [5]。この計算を実行する数値解析プログラムは，ソルバーと呼ばれます。2000 年代あたりから，プリプロセス，メインプロセス，ポストプロセスが一体となり，電磁界シミュレーションは行いやすくなりました。電磁解析においても，特に商用ソフトウェアが使用されるようになり現在に至ります。加えて，コンピュータのメモリ容量の増大により，3 次元解析が容易になりました。これにより解析モデルの作成の際に，コンピュータのメモリ容量の節約をあまり意識す

ることなく解析が可能となりました。

1.5　高専研究ネットワークの活動

　筆者らは，磁気光学効果を利用した非破壊試験・渦電流探傷試験法・漏洩磁束探傷試験法を中心に電磁気現象を利用した非破壊検査の高度化の研究に取り組んでいます（図1.3）。これらの研究の具体的な内容は第2章および第3章で紹介します。

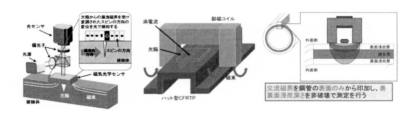

図1.3　磁気光学効果を利用した非破壊試験・渦電流探傷試験法・漏洩磁束探傷試験法

　これまで，筆者らは研究テーマが近く同じ高専および県内の高専の若手教員同士ということで，情報交換など研究交流をしてきました。さらに，令和元年度に，同じテーマで研究している全国の高専教員が連携することで研究成果の拡大を図ることを目的とする高専機構本部の高専研究プロジェクト「高専研究ネットワーク形成事業」に「KOSENから非破壊検査規格を変える革新的センシング技術ネットワーク」として採択されて以降，研究交流から研究連携へと加速しました。
　本ネットワークは，新たに他高専の非破壊検査の研究者とネットワークを構成し，従来にない高分解能かつ高機能な非破壊検査手法となる革新的なセンシング技術を開発することで，現在の非破壊検査規格を一新するようなイノベーションを高専から起こすことが目的です（図1.4）。

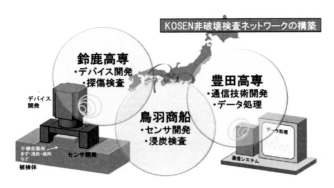

図 1.4　本ネットワークのコンセプト

　ネットワーク形成事業の継続や重点ネットワーク化への評価は，インパクトファクタなどが高い論文への掲載数や大型の外部資金獲得が成果の指標です。しかしネットワーク構成当初は，どういう風に研究連携して成果を上げていけばいいのか手探り状態でした。そこで，まずはお互いの研究テーマを詳しく知るところから始めようということで，各研究室の学生による研究発表会から始めました（図 1.5）。

図 1.5　ネットワークでの研究会の模様 2019 年 10 月 25 日 名古屋にて

　それまで，各々の研究テーマは近いもののなんとなくの理解だったようで，学生と教員・教員と教員が質疑応答を繰り返すうちにそれぞれの非破壊検査法の持ち味や課題の共通理解ができました。これにより，外部資金

獲得の申請において，それぞれの役割の明確化や組み合わせることのメリットを詳細に記述することが可能となりました。

その結果，それぞれが研究代表および研究分担者として，4 年間で数十件の外部資金を獲得することに繋がりました。

参考文献

[1]　独立行政法人国立高等専門学校機構：『モデルコアカリキュラム
　　　− ガイドライン −（経済・ビジネス系を除く），独立行政法人国立高等専門学校機構
　　　(2017)

[2]　KESCO 主催 Multiphysics Conference (2022)

[3]　板谷年也：『高度電磁非破壊評価のための COMSOL を利用した渦電流解析』，KESCO
　　　主催 COMSOL Simulations WEEK (2021)

[4]　坪井始，内藤督：『数値電磁解析法の基礎』，養賢堂 (1994)

[5]　坪井始，内藤督：『実践数値電磁解析法の基礎』，養賢堂 (1995)

第2章
電磁気を応用した探傷試験法

本章では，電磁気現象を対象とした CAE シミュレーションを理解するために、電磁気現象を利用した渦電流探傷試験と漏洩磁束探傷試験法による非破壊検査法について解説します。また、実際に高専で行っている教育活動および電磁界の CAE シミュレーションを活用した研究活動の事例を紹介します。

2.1　電磁気現象を利用した非破壊評価について

　本節では，代表的な非破壊検査技術の種類とその用途について説明します。また，その中でも電磁気現象を応用した電磁気非破壊検査技術の紹介を行います。

2.1.1　非破壊検査技術の種類と用途

　石油化学プラントや道路，橋などの社会インフラでは様々な種類の材料が経年劣化や環境による劣化により損傷が発生します。これらの構造物の損傷による事故は社会に及ぼす影響が極めて広く，深刻な事態をもたらすことになります。そのため，事故を未然に防ぎ，信頼性・安全性を確保できるように材料劣化や損傷程度を推定する検査技術の高度化が必要とされています [1]。

　そこで，材料，製品，構造物などの種類に関係なく，検査対象物を破壊することなく対象物の性質，状態，内部構造を知ることができる非破壊検査が注目されており，非破壊検査法の種類は適用する手法や対象物によって分類することができます。表 2.1 に各種非破壊検査方法について，検査対象物や検査対象位置をまとめます。

表 2.1　非破壊検査方法一覧と検査対象

検査方法	検査対象	対象欠陥
放射線探傷試験 (RT)	・溶接部のスラグ巻き込み、ブローホール ・鋳造材のひけ巣	内部
超音波探傷試験 (UT)	・溶接部の割れ ・圧延材、鋳造材の板厚、内部欠陥	内部
磁気探傷試験 (MT)	・強磁性材料	表面
渦電流探傷試験 (ET)	・強磁性材料	表面
アコースティック・エミッション (AE)	・送水管や圧力容器などの割れ	欠陥発生時

　表 2.1 に示すように、放射線の原理を利用した放射線探傷試験，電磁気の原理を利用した磁気探傷試験や渦電流探傷試験，音響の原理を利用した超音波探傷試験やアコースティック・エミッション（AE: Acoustic

Emission）試験などが一般的に使用されています [2]。

　これらは原理的な面からの分類ですが，分類方法を試験対象部位で分類すると試験体の表面または表層部に関する情報を得る非破壊検査法と試験体内部や裏面の情報を得る非破壊検査法に分類することができます。一般的に表面または表層部に関する情報を得る非破壊検査法には外観試験，浸透探傷試験，磁粉探傷試験および渦電流探傷試験が適用されています。

2.1.2　電磁気非破壊検査の種類

　電磁気非破壊検査技術は非破壊検査技術の中でも高速検査が可能であり，励磁する周波数や電流の大きさよって磁束の浸透深さなどの特性が変化します。一般的に適用するのは表面または表層部ですが，試験体内部や裏面に発生した成分変化や欠陥の有無を検査できる電磁気検査手法の検討や提案が行われています。

　表 2.1 に示した磁気探傷試験 (MT: Magnetic Particle Testing) と渦電流探傷試験 (ET: Eddy-current Testing) が電磁気非破壊検査に該当します。本節では，磁気探傷試験に分類される漏洩磁束探傷試験および磁粉探傷試験について説明します。渦電流探傷試験については，2.2 節で研究事例とともに説明します。また，漏洩磁束探傷試験の研究事例は 2.5 節で紹介します。

2.1.3　漏洩磁束探傷試験とは

　漏洩磁束探傷試験は，強磁性体を磁化したときに空気中に漏洩する磁束の大きさで欠陥の有無を検査する試験方法です。図 2.1 に磁性体を磁化したときの欠陥の有無による磁束線の違いを示します。

　図 2.1 (a) は欠陥がない場合の磁力線，図 2.1 (b) は欠陥が存在する場合の磁力線を示します。欠陥がない場合には磁束線が板厚方向に均一に分布します。これは，空気中に比べて強磁性体である試験体の方が磁束の流れやすさを表す物理量である透磁率が大きいために，試験体内で磁束が一様に通るからです。欠陥が存在する場合には，欠陥近くの磁束は欠陥を迂回するように分布します。ここで空気中に漏れた磁束が漏洩磁束です。欠陥部分の磁気抵抗が増加し，空気中との磁気抵抗の差がなくなるため生じま

す。この漏洩磁束を磁気センサで測定し，その大きさで欠陥の有無を検査することができます。

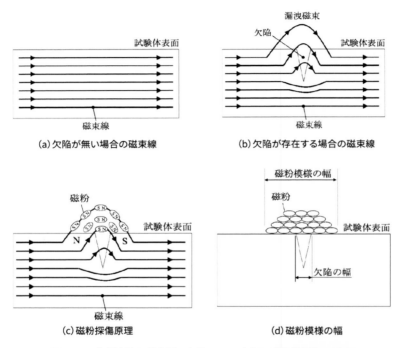

(a) 欠陥が無い場合の磁束線　　　　(b) 欠陥が存在する場合の磁束線

(c) 磁粉探傷原理　　　　　　　　　(d) 磁粉模様の幅

図 2.1　強磁性体の磁束線の欠陥による変化と磁化粉探傷の原理

2.1.4　磁粉探傷試験とは

　磁粉探傷試験は磁気探傷法の一種であり，漏洩磁束探傷試験で説明した欠陥位置からの漏洩磁束に磁粉を吹き付け，検査対象の表面に発生する磁粉模様を観察することで欠陥の有無と大きさを判別する検査手法です。この試験方法では直径数マイクロメートルから数十マイクロメートルの細かい強磁性体の磁粉を使用します。

　図 2.1 (c) に示すように，磁粉を強磁性体に散布すると図 2.1 (b) のような欠陥による漏洩磁束によって，磁粉が規則正しく分布します。これは，

磁束が強磁性体から空気中に出る所に N 極，空気中から強磁性体に入る
ところに S 極が形成されるためです。この結果，欠陥部分に小さな磁石が
できたことになり，磁粉によってできる磁性体の大きさは欠陥からの漏洩
磁束が多いほど大きくなります。磁粉は散布後，図 2.1 (d) のように磁粉
同士が繋がり，欠陥部分に吸着することによって磁粉模様を形成します。
磁粉模様の幅は実際の欠陥の幅よりも大きいため，幅の狭い欠陥でも検査
が可能です。

2.2　渦電流探傷試験法について

　本節では，渦電流探傷試験法の原理と特徴について説明します。また，
渦電流探傷試験を利用した高専での研究活動の事例をまとめています。

2.2.1　渦電流とは

　導電体に発生する渦電流について図 2.2 を用いて説明します。図 2.2 は
導電体に磁石 N 極を近づけた瞬間に発生する渦電流のイラストです。こ
のとき，磁束は磁石 N 極から導電体方向に発生しています。導電体では
レンツの法則のとおりにこの磁束に抵抗するような形の磁束を発生させる

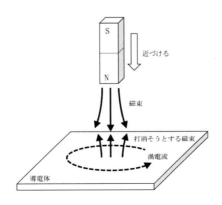

図 2.2　導電体に磁石 N 極を近づけたときに発生する渦電流

電流が発生します。この電流を渦電流といいます。例えば，鉄やアルミニウムなどの導体に磁界を印加し，時間当たりの磁束が変化することで渦電流が発生します。図 2.2 では導電体から磁石の向きに磁束を発生させるような反時計回り方向の渦電流が発生します。

　図 2.3 では，図 2.2 とは異なり磁石 S 極を導電体に近づけたときに発生する渦電流のイラストを示します。このとき，導電体から磁石へ向かう方向の磁束が発生し，これを妨げる磁束を発生させるような時計回りの方向に渦電流が発生します。これらの図から，渦電流は鎖交する磁束の変化を妨げる方向に磁束を作るように発生することが分かります。また渦電流の特徴としては，磁束が鎖交する領域を中心に円形状に発生します。

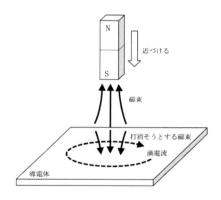

図 2.3　導電体に磁石 S 極を近づけたときに発生する渦電流

　次に，図 2.4 に導電体上を磁石 N 極が移動したときに発生する渦電流の様子を示します。磁石の進行方向では渦電流は磁化を妨げる向きに発生し，進行と逆方向では磁化を残そうとする向きに渦電流が発生します。ちなみに，磁石 S 極を移動させた場合は進行方向に対して磁石 N 極を移動させた場合と逆向きの磁束が発生します。

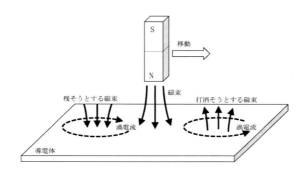

図 2.4　導電体の上部を磁石が移動したときに発生する渦電流

　身の回りの電磁石では，コイル単体で使用せずに鉄をコアとして使用し，発生させる磁界の大きさを飛躍的に増幅させることもあります。このコアはヨーク材や継鉄と呼ばれています。ヨーク材を使用した電磁石ではヨーク材自身に渦電流が発生します。この渦電流によって発生するジュール熱による損失を渦電流損といいます。この渦電流損を低減させるために，ヨーク材は薄板状で間に絶縁用膜を積層したものを使用します。これによって，渦電流が流れる経路の電気抵抗が大きくなり渦電流損を低減することができます（図 2.5）。

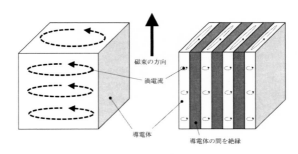

図 2.5　渦電流損を低減させる方法

2.2.2　渦電流探傷試験法の原理

　渦電流探傷試験とは，交流磁界を印加したコイルを試験体に近づけるこ

とで発生する渦電流が欠陥や材質によって変化することを利用した探傷方法です。主に石油化学プラントや各発電プラントの配管・板材等に対する保守検査を行うために用いられています。欠陥が存在する場合は渦電流やインピーダンスに変化が生じるため，この変化を検出することで探傷を行います [3]。

　渦流探傷試験は導体に対して適用することができ，適切な周波数を選択することで検査対象物の表面および裏面欠陥の有無を検査することが可能です。

　この手法はコイルに電流を流すことで簡単に探傷が行えるため，高速で探傷が可能です。図 2.6 に渦電流探傷試験の原理を示します。まず，導線で巻かれたコイルに交流電流を流すと図 2.6 (a) に示すようにコイル周辺に磁束が発生します。次に，このコイルを導体表面に近づけると図 2.6 (b) に示すように電磁誘導によって導体内に渦電流が発生します。導体に欠陥が存在しない場合は図 2.6 (c) に示すように（励磁コイルは省略）導体に発生している渦電流に変化はありませんが，導体表面に欠陥が存在する場合は図 2.6 (d) に示すように（励磁コイルは省略）渦電流が変化しま

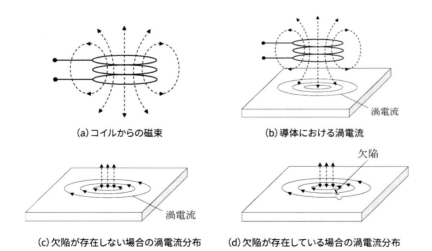

(a) コイルからの磁束　　　　　　　　(b) 導体における渦電流

(c) 欠陥が存在しない場合の渦電流分布　　　(d) 欠陥が存在している場合の渦電流分布

図 2.6　渦流探傷試験の原理

す。この現象により，導体表面に欠陥が存在する場合はコイルのインピーダンスが変化するため，この変化で探傷を行います。

　また，励磁コイルとは別に検出コイルを配置して，検出コイル内に鎖交する磁束の密度の変化によって探傷を行う方法もあります。

2.2.3　渦電流探傷試験法の特徴

渦電流探傷試験法の特徴を以下にまとめます。

① 検査対象は導体
② 非接触検査が可能
③ 出力信号は電圧信号の数値として確認や処理が容易

　また，渦電流探傷試験法は非破壊検査の中でも高速非破壊検査技術であり，エアギャップや塗膜上からでも検査が可能です。

　実際の現場での適用例としては，様々な形状の鋳造品や熱処部品などの表面傷検査，合金の成分評価や異種選別検査，各種部品や構造物の疲労割れ，減肉，溶接部の検査，メッキ厚さ検査，非金属内の金属の含有量の評価などが挙げられ，社会インフラや構造物，製造品まで幅広く用いられている非破壊検査技術です [4-7]。

　渦電流探傷試験法はコイルの形状によって3種類の検査方法に分類できます。図2.7に3種類のコイルによる分類を示します。図2.7 (a) に示す上置コイルは微小な欠陥の検査が可能な検査手法で，平面や曲面での検査で用いられているコイルです。図2.7 (b) に示す内挿コイルは熱交換器や配管設備に内挿し内側から欠陥や減肉検査を行います。図2.7 (c) に示す貫通コイルは，内挿コイルとは逆にコイルの内側に棒材や配管を通して欠陥検査を行います。

　その他の分類方法として誘導方式によるものがあります。自己誘導方式と相互誘導方式があり，自己誘導方式はコイルの励磁部と検出部が同じ1つのコイルで検査する方式です。相互誘導方式はコイルの励磁部と検出部が異なるコイルで検査する方式です。

　検出方式による分類も行われており，単一方式，自己比較方式，標準比較方式の3種類に分類できます。単一方式は一番基本の形で，欠陥や減肉

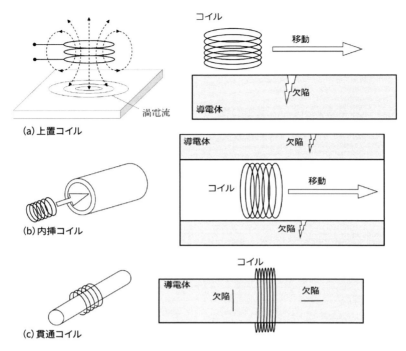

図 2.7　渦電流試験法の検査プローブの形状による分類

の形状，センサと検査対象との距離の変化も検出可能ですが，温度などの環境による影響を受けやすいです。自己比較方式は近接的に 2 つのコイルを設置し，この 2 つのコイルの電圧差を評価する方法であり，差動式とも呼ばれています。温度変化やエアギャップなどの影響を受けにくいことが特徴で，欠陥や減肉のエッジ検出が可能です。標準比較方式では，標準試験片と検査対象との違いを評価します。基本的な検出方法は単一方式と同じです。材質を検査する異材判別に多く用いられている検査手法です。

　表 2.2 に各方式の欠陥形状推定波形をまとめました。単一方式と標準比較方式は検出原理が同じであり，欠陥形状の推定に適切な検査手法であることがわかります。また，自己比較方式では欠陥のエッジの検出を行いたい場合や欠陥および減肉領域の判定に適していることがわかります。

表 2.2　各方式での欠陥形状推定波形

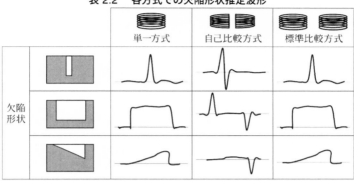

2.2.4　渦電流探傷試験の研究事例

　渦電流探傷試験法に関する鳥羽商船高専での研究事例を紹介します。本研究は，国立研究開発法人科学技術振興機構 (JST)・研究成果最適展開支援プログラム (A – STEP) トライアウトの支援で行っている事業です。鳥羽商船高専の吉岡研究室に所属する学生の卒業研究または専攻科の特別研究にて，熱交換器を対象とした内挿式探傷プローブの開発を実施しています。

　本研究では，化学プラントで稼働している多管式熱交換器を検査対象とした自走式の検査ロボットの開発を目的としています。その中で，ロボットに搭載する電磁気センサとして，熱交換器における 3 種類の異なる検査箇所（管板部，直管部，U ベンド部）を一貫して検査する内挿式のセンサを提案しています。具体的には，図 2.8 に示す H 型の積層ケイ素鋼板材をヨーク材とした電磁気センサを提案しています。このセンサの特徴として，これまでの内挿式の渦電流探傷試験とは励磁磁界の印加方向が異なるということが挙げられます。

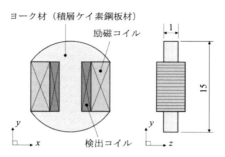

図 2.8　内挿式の提案電磁気センサモデル

　図 2.9 に示すように，従来の内挿センサは移動方向に対して平行な磁界印加を行うのに対して，本研究で提案する内挿センサは移動方向に対して垂直方向に印加します。これによって，湾曲した熱交換器の管内でもセンサが詰まることなくスムーズに移動することを可能にしました。

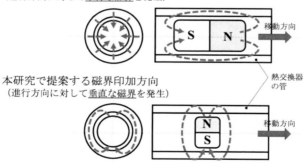

図 2.9　磁界印加方式

　図 2.10 に実験モデルを示します。この実験モデルでは，図 2.11 に示す真鍮材を実験の試験片として使用しています。試験片には管の内面と外面から欠陥が施してあり，最小で肉厚に対して 15 ％の検査実験を行いました。なお，実験は実際の多管式熱交換器を模した固定管板を設置して行いました。また，バッフル（後述）には SUS410 を使用しています。

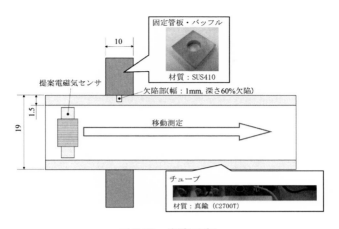

図 2.10　実験モデル

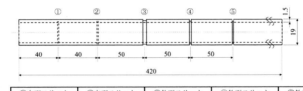

	①内面スリット		②内面スリット		③外面スリット		④外面スリット		⑤外面スリット	
寸法(mm, %)	幅 1.2	深さ 15%	幅 0.6	深さ 30%	幅 3.0	深さ 20%	幅 1.5	深さ 40%	幅 1.0	深さ 60%
実測値(mm)	幅 1.19	深さ 0.21	幅 0.55	深さ 0.42	幅 3.02	深さ 0.29	幅 1.55	深さ 0.58	幅 1.03	深さ 0.88

図 2.11　実験で使用した試験棒材

　実験によって得られた欠陥位置と出力電圧信号の関係を図 2.12 に示します。この結果から，観測した出力電圧信号は検査対象の管に発生した欠陥の大きさによって変化を生じることがわかります。欠陥の大きさが増すと電圧信号の振幅は大きくなり，出力電圧信号が低下していることがわかります。

　図 2.10 で示したように，多管式熱交換器ではたくさんの管を支持するバッフルと呼ばれる管板が設置されています。バッフルは磁性体で，特に，磁界を印加したときに強い磁化を示すため強磁性体と呼ばれます。強磁性体の検査ではセンサの移動時に発生する磁化効果があるため，欠陥による信号とは別の信号が発生します。これらの信号はノイズであるため，

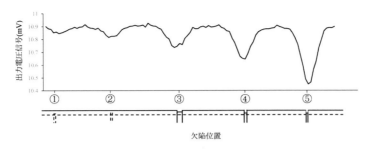

図 2.12　実験によって得られた欠陥位置と出力電圧信号の関係

電磁気による内挿式の検査では除去する必要があります。このバッフルに
よる信号のノイズは，データ処理によって除去することができます。ノイ
ズを除去した検査結果を図 2.13 に示します。図 2.13 (a) はバッフルの有
無による検出信号の違い、図 2.13 (b) は欠陥の有無とバッフル位置が異
なる場合の検出信号の違いを表しています。

　本研究では実験的な検討だけではなく，本研究室で開発している CAE
シミュレーションによって熱交換器やセンサに発生している磁束分布，渦

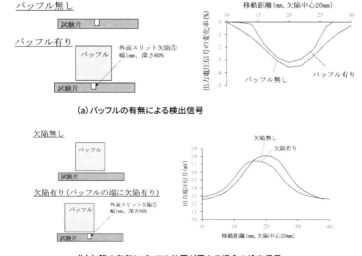

(a)バッフルの有無による検出信号

(b)欠陥の有無とバッフル位置が異なる場合の検出信号

図 2.13　バッフルによる信号のノイズを除去した検査結果

電流分布の解析も行っています。図 2.14 にシミュレーションモデルと解析によって得られた磁束分布の結果を示しています。これらのシミュレーションは有限要素法で行っています。欠陥がある場合は欠陥を迂回するような磁束分布が得られていることがわかります。

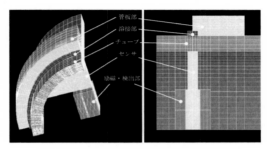

(a) シミュレーションモデル

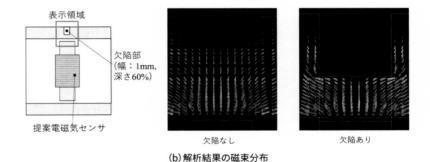

表示領域

欠陥部
(幅：1mm,
深さ60%)

提案電磁気センサ

欠陥なし　　　　　　　　欠陥あり

(b) 解析結果の磁束分布

図 2.14　シミュレーションモデルと解析によって得られた磁束分布

　ここまでに紹介した渦電流探傷試験法の実用化に向けての取り組みとして，鈴鹿高専と協力して開発しているロボットに搭載するセンサの遠隔制御・観測システムがあります（図 2.15）。システム構成としてはファンクションジェネレータで発生させた交流電圧信号をデータロガー (Picolab 1216) で読み取り，付属ソフトウェア (PicoLog 6) 上で表示します。これを遠隔操作した小型コンピュータ (Raspberry Pi) を介してスマートフォン上から観測します。

　これらの研究活動では，学生がセンサ製作や基礎実験を実施・協力し，実証実験に向けての設計から製作，実装までの流れを体験し，機械・電気・情報の様々な分野の知識を生かし，モノづくりのノウハウを研究スキルと共に習得しています。

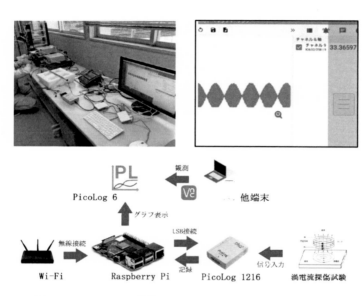

図 2.15　ロボットに搭載するセンサの遠隔制御・観測システム

2.3　海中送水管の寿命判断技術の開発

　本節では，海中での電磁気非破壊検査技術の実用化を目的とした，パルス渦電流探傷試験法を搭載した遠隔操作無人潜水機 (ROV:Remotely operated vehicle) による非破壊検査技術に関する取り組みを紹介します。

　なお，この成果は，国立研究開発法人新エネルギー・産業技術総合開発機構 (NEDO) の助成事業 (JPNP20004) により得られたものです。

2.3.1 パルス渦電流探傷試験法とは

パルス渦電流探傷試験法は，大電流のパルス波形を励磁電流とした非破壊検査方法です。検査対象の導電体中に渦電流を発生させて，これによって発生する時間当たりの渦電流の変化量や減衰量を評価することで導電体の肉厚や検査対象との距離（エアギャップ）を判別することが可能です。

一般的な渦電流探傷試験では交流磁界が用いられており，検査対象物の表層に発生する欠陥の大きさや深さの判別に適しています。しかし，被覆鋼管などの保温材で覆われた検査対象物などの厚い介在物や検査対象が異なる材質の積層物の場合での検査は困難とされています。

一方，パルス励磁波形には周波数帯域幅が広く，低周波から高周波までの様々な周波数帯の成分を含んでいる特徴があります。そのため様々な周波数帯が検査対象の肉厚深さ方向の異なる位置に浸透することによって，板厚，膜厚，エアギャップの推定が可能となります。また，一般的な交流励磁波形と比較するとパルス励磁波形では強力な磁場を瞬間的に発生させることができます。これは，パルス磁界の印加時と遮断時で０Ｖの状態から瞬間的な電力の立ち上がりや立ち下りがおこるためです。同じ電流値の交流磁界と比べると，励磁するときの消費エネルギーが少なくなります。これらの非破壊検査技術は近年，石油化学プラント等で使用される被覆材や埋葬鋼管への現場適用が報告されています [8]。

パルス渦電流の信号は２次コイル等によって出力電圧信号として観測することができます。このとき，検査対象の板厚に関する情報は励磁磁界遮断後の時間経過に伴う磁界の減衰量に変化が現れます。これは遮断直後には高周波成分の信号が支配的になり，時間経過に伴って磁界の浸透深さが大きい低周波成分の信号が支配的になることに起因しています。

2.3.2 海中送水管検査技術の内容および用途

本研究では，電磁気非破壊検査の技術を用いて海底送水管で使用されている強磁性体構造物や被覆線の形状・配列状態を可視化する非破壊検査技術の実用化によって，海底送水管の残寿命評価法の確立することを目的としています。

　海底送水管の新設や更新のための埋設技術は，離島などの海を隔てる土地への生活用水などの供給に欠かせないものであり，安全性を常に確保する必要があります。海底送水管は長いもので 100 年以上使用し続けられる設計になっています。しかし，現在では 30〜40 年で取り替えが必要な場所も多数存在しており，更新費用は膨大です。この短命化の原因として，海中環境で使用することによる腐食や損傷などが挙げられています。

　海底送水管の種類としては，図 2.16 (a) に示すように安価でシンプルな構造をした被覆型や，図 2.16 (b) に示す高価で防食性に優れ，寿命が長い鉄線鎧装型が存在します。被覆型は，鋼管の内面をエポキシ樹脂で塗装し外面をプラスチック被覆した配管です。鉄線鎧装型は，ポリエチレン管の外側に亜鉛メッキを施した鉄棒材で覆い，その外側に防食塗料を塗布した配管です。

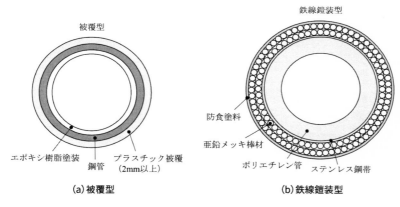

図 2.16　海底送水管の種類と構造

　現在，送水管の維持管理を行う検査手法としては送水管内カメラによる内部からの損傷検査，外観検査として水中ロボット (ROV) によるカメラ映像での検査が主に行われています。また，破壊検査では取り替えた部分を観察することで損傷度合いの事後評価を行っています。

　しかし，海中送水管の検査に関する問題として，「寿命評価に繋がる資

料・方法」がないため，送水管設備の延命と更新の判断ができていないということが挙げられます。前述のとおり現時点で予定使用期間の半分以下で取り替え工事が行われる報告もあり，工事費用や管理費用のコスト削減が求められています。コスト削減を行うためには送水管の適切な残寿命診断技術の開発が必要です。

そこで，筆者らは高速検査や磁性体の損傷度合いの判別技術として実用化が行われている電磁気非破壊検査技術に着目しました。電磁気非破壊検査は生産コストや導入コストが低く，また，本研究事項において ROV による送水管検査時に本研究手法を適用することで，外観だけでは判断できなかった被覆材内部の状態を把握することが可能になります。これによって，被覆材内部の損傷の把握，亜鉛メッキ棒材の状態や形状を観察することで適切な設備寿命診断を可能にし，これまで確認できなかった内部設備の保守管理技術の品質向上に貢献できるようになります。

本節冒頭に記したように，本研究ではパルス渦電流探傷試験に関する研究シーズをもとに，パルス渦電流探傷試験法を用いた非破壊検査技術を開発することを目的としています。これまでに石油化学プラントの被覆鋼管の減肉検査技術の実用化に向けて，パルス磁界を用いた非破壊検査を覆鋼管へ適用することで被覆の分解を必要としない鋼管の肉厚検査装置の開発を行ってきました。

一般的に，メンテナンス作業現場で使用されている渦電流探傷試験法や超音波探傷試験法と比べて，パルス渦電流探傷試験法は高い計測レンジ性能を有しています。申請者の研究による知見から，パルス渦電流探傷試験は検査対象との距離が 100 mm 以上の場合や検査対象との間に介在物が存在する場合でも検査対象（磁性体）の欠陥や減肉の有無を判別することが可能であることが分かりました。海中環境での検査では，空気中と異なり検査対象に様々な付着物があることから，非破壊検査によって内部の状態を把握する際に除去加工が必要でした。しかし，パルス渦電流探傷試験技術を応用することで表面の付着物の除去を必要とせず，ROV での目視検査と並行して送水管の内部状態を把握することができます。

2.3.3　新たな海中用電磁気センサの開発

　海底に設置された構造物の検査では，海水や海流などの海中環境特有の問題が存在します。特に，陸上で用いられている従来の検査方法と比べて ROV などでの検査は姿勢制御や決められた計測位置の推定，計測経路の確保が困難になります。

　そこで，本研究で開発する電磁気センサは全方向のき裂，減肉などの欠陥の把握が可能なセンサ形状としました。図 2.17 に，電磁気センサ使用想定モデルのイラストを示します。海底に設置された構造物に対して目視検査と本研究手法を用いることで，目視では確認できない内部の配線状態，配列の乱れ，内部での漏洩箇所を特定することができます。これにより，欠陥位置や大きさの把握，設備劣化による寿命診断を可能にします。

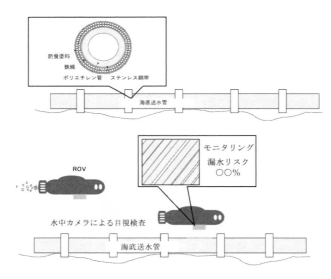

図 2.17　電磁気センサ使用想定モデル

　図 2.18 に電磁気センサのモデルを示します。電磁気センサはヨーク材，励磁コイル，検出コイルで構成されています。ヨーク材は上から見ると十字形状をしており，5 本の足があります。ヨーク材の中心に巻かれた銅線

は励磁コイル，中心の足の周りの4本の足に巻かれた銅線は検出コイルとして使用しています。本研究電磁気センサは励磁コイルを中心に4方向の磁気閉ループを形成し，それらの相関性を確認することや欠陥位置，大きさを把握することが可能です。また，励磁部には5Aの直流磁界を1秒間印加した後，回路を物理的に遮断することでパルス磁界を印加しています。

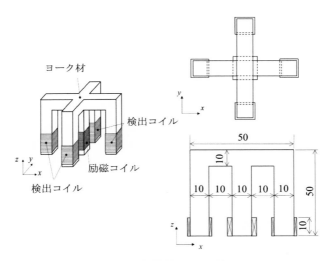

図 2.18　　電磁気センサモデル

2.3.4　CAE シミュレーションによるパルス磁界の現象解明

　本研究で提案する電磁気センサにおける電磁界解析について説明します。

　本研究では非線形3次元有限要素を用いた CAE シミュレーションによって，パルス磁界の印加中から磁界遮断後の磁界の動きを観察します。図2.19に本研究で使用したシミュレーションモデルを示します。各要素は①：ヨーク材，②：励磁コイル，③：検出コイル，④：検査鉄線を表しています。なお，検査鉄線は φ6.0 mm の鉄線が2層構造で並んでいて，鉄線鎧装型の配管のモデルになっています。

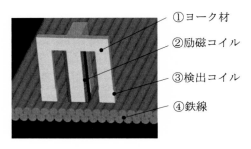

①ヨーク材

②励磁コイル

③検出コイル

④鉄線

図 2.19　電磁気センサのシミュレーションモデル

　図 2.20 (a) に磁束密度分布の表示領域を示します。図 2.20 (b)〜(d) は (a) に示す領域内でパルス磁界印加中に鉄線の中に発生した磁束分布を示したものです。

　図 2.20 (b) は鉄線の欠損がない状態でパルス磁界を印加したときの磁束分布，図 2.20 (c) は電磁気センサの中心部分の 1 層目に鉄線の欠損が存在する場合の磁束密度分布，図 2.20 (d) は右側の足（検出コイルの真下）の 1 層目に鉄線の欠損が存在する場合の磁束分布をそれぞれ示しています。

　図 2.20 の磁束密度分布の結果から，パルス磁界印加中は印加方向（励磁方向の向き）に磁束が発生していることがわかります。また，励磁コイル部に近い鉄線部分で最大磁束密度が得られることがわかります。さらに，左右の検出コイル部で得られる磁束密度を比べると，欠損の発生によって欠損位置に近い位置の検出コイル内で得られる磁束密度が低下することもわかります。特に励磁コイル部に近い位置に欠損が発生したときの検出コイル内の磁束密度の低下が著しいことがわかります。

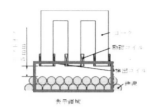

(a) 表示領域

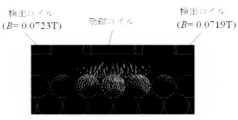

(b) 鉄線の欠損がない状態

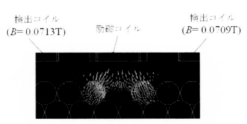

(c) 電磁気センサの中心部分の1層目に鉄線の欠損あり

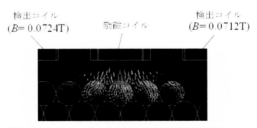

(d) 右側の足(検出コイルの真下)の1層目に鉄線の欠損あり

図 2.20　磁束密度分布の表示領域とパルス磁界印加中に発生する鉄線内の磁束密度分布

　図 2.21 にはパルス磁界を遮断した直後の磁束密度分布を示します。図 2.20 と同じように (a) に磁束密度分布の表示領域，(b) に欠損がない場合，(c) に励磁コイル部の真下に欠損が存在する場合，(d) に右の足の検出コイル部の真下に欠損がある場合の磁束密度分布を示しています。

　図 2.21 の結果から，パルス磁界遮断後は鉄線の中で磁束が発生し，鉄線の円形の断面形状に沿って磁束が渦状に分布していることがわかりました。また，励磁コイル部の中心を境に時計回りの磁界と反時計回りの磁界が発生し，欠損箇所に近い鉄線で大きい磁界が発生することもわかります。さらに，励磁コイル部の近くに欠損が発生すると，左右の検出コイル部で得られる磁束密度は欠損なしの場合に比べて著しく低下していることが読み取れます。また，欠損位置に近い検出コイルで得られる磁束密度は低下することがわかります。

　鉄線内の磁束分布を観察すると，欠損位置に隣接していない鉄線と隣接している鉄線では，隣接する鉄線で磁束のベクトルが増加していることがわかります。この変化が検出する電圧信号に影響することがわかりました。

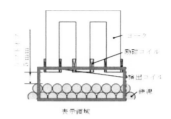

(a) 表示領域

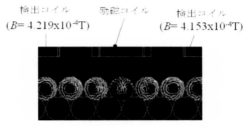

検出コイル　　励磁コイル　　検出コイル
($B= 4.219 \times 10^{-4}$T)　　　　　　　($B= 4.153 \times 10^{-4}$T)

(b) 鉄線の欠損がない状態

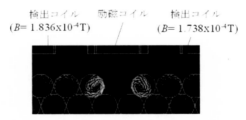

検出コイル　　励磁コイル　　検出コイル
($B= 1.836 \times 10^{-4}$T)　　　　　　　($B= 1.738 \times 10^{-4}$T)

(c) 電磁気センサの中心部分の1層目に鉄線の欠損あり

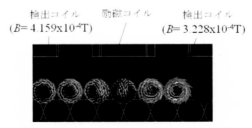

検出コイル　　励磁コイル　　検出コイル
($B= 4.159 \times 10^{-4}$T)　　　　　　　($B= 3.228 \times 10^{-4}$T)

(d) 右側の足（検出コイルの真下）の1層目に鉄線の欠損あり

図 2.21　磁束密度分布の表示領域とパルス磁界遮断後に発生する鉄線内の磁
束密度分布

2.3.5　実験用の送水管モデルと実験事例

電磁界解析によって得られた結果をもとに，実際に鉄線鎧装型の送水管のモデルを製作し，基礎実験を行った結果を報告します。図 2.22 に実験モデルを示します。

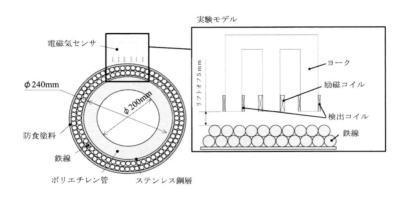

図 2.22　実験モデル

海底送水管のモデルとして，解析モデルと同様に φ6 の鉄線の 2 層構造で被覆された配管を使用し，その下にステンレスシートの層を設けました。電磁気センサを 5 mm 離した位置からパルス渦電流探傷試験法を適用して鉄線の欠損状況を評価します。図 2.23 に出力電圧信号の波形処理を示します。本研究手法では，減肉深さの評価に出力電圧信号の上昇，下降量の傾きを用いていて，出力電圧信号の最大値を基準とした傾きを傾斜角 α として算出しています。この傾斜角 α は以下の式によって算出されます。

$$傾斜角 \alpha = (V_{\mathrm{m}} - V_{\mathrm{n}}) / (t_{\mathrm{n}} - t_{\mathrm{m}}) \tag{2.1}$$

ここで，V_{m} は検出コイル内の出力電圧の最大値，V_{n} は検出コイル内の任意時間の出力電圧を示しています。また，t_{m} は検出コイルの出力電圧が最大値である時間，t_{n} は検出コイル内の任意の出力電圧の時間を示しています。

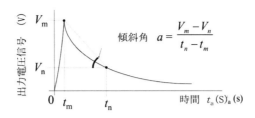

図 2.23　出力電圧信号の波形処理

図 2.24 には 2 層の鉄線層の表層における欠損位置 A〜C とモデルを示します。位置 A はセンサの右足の検出コイル部分の真下の欠損，位置 B は励磁コイル部分の真下の欠損，位置 C はセンサの左足の検出コイル部分の真下の欠損を表しています。A, B, C のいずれかの位置が欠損した場合と，欠損が発生していない場合での比較実験を行いました。

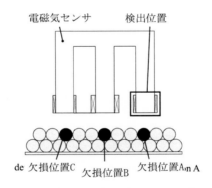

図 2.24　実験時の欠損位置（表面に欠損発生）

図 2.25 に実験結果を示します。縦軸には図 2.23 で説明した波形処理方法によって得られた傾斜角 α の値，横軸にはパルス磁界を遮断した瞬間を 0 秒としたときの経過時間を示しています。また，図 2.26 では図 2.25 で得られた結果の中でも特に欠損位置による信号の変化が著しかった経過時間のグラフを拡大して表示した実験結果を示します。これらの結果から，励磁コイル部の中心に欠陥が発生している場合（欠損位置 B）で傾斜角 α

が最小値となる傾向が得られ，左右の検出コイル真下の欠損位置（欠陥位置 A と C）では同じ検出信号の傾向が得られていることがわかります。

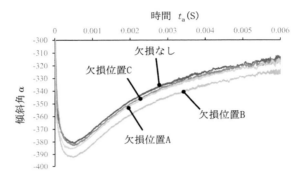

図 2.25　欠損位置の判別実験結果（表面に欠損発生）

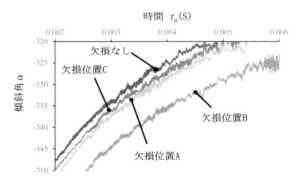

図 2.26　実験結果（図 2.25）の拡大図（0.002 秒から 0.006 秒）

　図 2.27 に 2 層の鉄線層の 2 層目の鉄線における欠損位置とモデルを示します。それぞれ，位置 A はセンサの右足の検出コイル部分の真下の欠損，位置 B は励磁コイル部分の真下の欠損，位置 C はセンサの左足の検出コイル部分の真下の欠損を表しています。また，図 2.28 に実験結果を示します。縦軸には図 2.23 で説明した波形処理方法によって得られた傾斜角 α の値，横軸にはパルス磁界を遮断した瞬間を 0 秒としたときの経

過時間を示しています。ここでの実験結果も表層に欠損が発生した場合と同様に，励磁コイル部の中心に欠陥が発生している場合（欠陥位置 B）に傾斜角 α が最小値となる傾向が見られ，左右の検出コイル真下の欠損位置（欠陥位置 A と C）では同じ検出信号の傾向が得られていることがわかります。

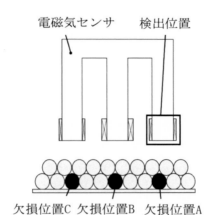

図 2.27　実験時の欠損位置（内部に欠損発生）

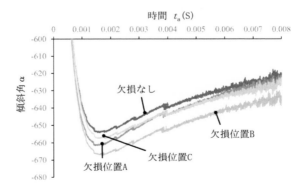

図 2.28　欠損位置の判別実験結果（内部に欠損発生）

2.3.6　鳥羽商船高専での取り組みと学生教育への展開

　本研究で実用化を目指すセンサ技術は，従来の ROV や水中ドローンに搭載することを前提に開発されたものです。海底送水管の非破壊検査を外観検査と組み合わせて使用することができるので，外観検査で漏洩箇所や危険箇所の判別を行うことで内部の状態把握が可能になります。離島などの土地に生活用水を供給する役目を担っている海底送水管の寿命推定や保守検査は，生活インフラを支える需要な技術となります。

　本研究では新しい電磁気センサを提案し，その基礎実験用のサンプル送水管による検出信号の傾向，解析による現象解明，複雑な減肉や欠陥パターンの検討，減肉や欠陥のヒートマッピングによる可視化，水中または海中でのパルス渦電流探傷試験適用を行っています。

　この研究活動には学生も参加しており，センサ開発と製作，実験設備の構築と実験の実施，解析のモデル作成などを行っています。センサ開発では図 2.29 に示すような水中でも使用可能な電磁気センサの励磁部と検出部を製作しています。

図 2.29　製作した電磁気センサ

　製作した電磁気センサは，図 2.30 に示すような実験設備にて基礎実験に使用しました。設備構成としては，直流安定化電源によって励磁部に直流磁界を印加し，回路を物理的に遮断することでパルス磁界を生成しています。このように，学生はセンサの提案や設計から実際に形にするまでをものづくりの工程として習得し，研究活動を通して実験スキルや考察能力

の向上を図っています。また，図 2.31 に示すような現象解明に必要な電磁界解析の環境構築や解析スキルについても，学生自身で解析モデル構築や有限要素法による電磁界解析を通して習得できる環境を提供しています。

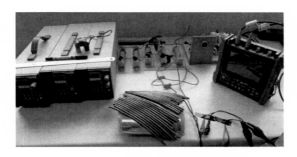

図 2.30　パルス渦電流探傷基礎実験設備

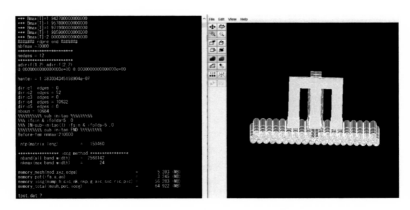

図 2.31　CAE シミュレーションの様子

2.4　スマート渦電流センサの開発

本節ではプラント設備等のスマート保安保全の高度化を目的として，これまでの渦電流センサに関する技術シーズを活用し，高温環境下にさらさ

れる金属部材の損傷の可否を監視するスマート渦電流センサを利活用した新検査システム開発の取り組みを紹介します。

この成果は，国立研究開発法人新エネルギー・産業技術総合開発機構 (NEDO) の助成事業 (JPNP20004) により得られたものです。

2.4.1　スマート渦電流センサの用途

我が国において，プラント・インフラ設備等の老朽化や人手不足の現状から早急にスマート保全・保安導入が進められています。その中で，過酷な環境下でも使用に耐え得るスマートセンサの開発および設備やプラント等の稼働を止めずにオンサイトで従来把握できなかった状態を監視する技術の確立が望まれています。本研究開発では，過酷な環境下であっても人に代わってプラント等稼働中での高温金属部材の損傷状態を監視する技術を実現し，従来把握できなかった状態の監視や故障の予測により，高度なスマート保全の世界を目指します。

図 2.32 に，本研究開発が目指すスマート渦電流センサの活用イメージを示します。

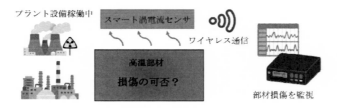

図 2.32　スマート渦電流センサの活用イメージ

プラント設備稼働中において，危険箇所である高温環境での損傷や従来把握できなかった金属部材損傷をスマート渦電流センサが検出し，ワイヤレス通信で監視することで高度な保安・保全業務サービスを社会へ提供します。プラント設備等の高温環境下における従来の渦電流センサは，回転数・速度・変位・振動の測定のみであるのに対して，本研究開発はこれらと同時に欠陥検出まで行うことができる優位性があります。

具体的な研究実施内容は，高温下の金属パイプ近傍に配置されたコイル特性の調査および渦電流センサによる欠陥検出です。次項から具体的な研究内容を説明します。

2.4.2 コイルの設計開発

渦電流センサとなるコイルは，センサの感度や精度に大きく影響します。本項では，CAE シミュレーションとして，COMSOL Multiphysics を活用したコイルの設計開発の事例を紹介します。

まず，CAE シミュレーションを用いて励磁コイルによって試験片に誘導される渦電流分布を可視化します。得られた結果より，コイルの励磁周波数や形状の最適化を行います。図 2.33 に励磁コイルと欠陥がある金属棒の解析モデルを，図 2.34 にメッシュ作成の模様を示します。

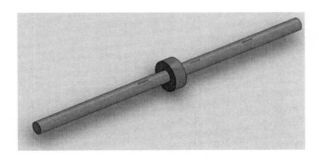

図 2.33 励磁コイルと欠陥がある金属棒の解析モデル

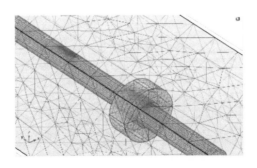

図 2.34 メッシュ作成

　渦電流の浸透深さと欠陥サイズを考慮してメッシュ設定します。浸透深さについて，励磁周波数が高いと磁界が金属内部まで浸透しないため，表面近傍のメッシュを細かくする必要があります。欠陥サイズについては，メッシュサイズが欠陥サイズより大きすぎると欠陥の影響が解析結果に反映されないため，欠陥近傍ではメッシュサイズを欠陥より細かくする必要があります。次に，コイルに流す励磁電流および励磁周波数を変化させます。図 2.35 に，コイルの励磁電流 1 A，励磁周波数 100 kHz の渦電流分布を示します。

図 2.35　金属丸棒に発生する渦電流分布

　図 2.35 より，少なからず欠陥周辺で渦電流分布の変化があることがわかります。しかしながら，このコイルと欠陥の配置の場合，励磁コイルによる渦電流の流れと欠陥の長さ方向が同じ方向のため渦電流分布の変化は小さいことが知られており，これは CAE シミュレーションの結果からもわかります。そのため，コイルの励磁周波数を高くし，欠陥検出感度を上げる必要があります。

2.4.3 コイル特性の調査

　本項での目標は 100 ℃以上に加熱した高温金属丸パイプによる検出コイル起電力の影響を明らかにすることです。一般的に金属丸パイプが高温になると導電率が低下し，励磁コイルにより発生する渦電流が減少します。そうすると，渦電流による反作用磁界が減少し，検出コイルへの鎖交磁束も減少し，起電力が変化することになります。図 2.36 に提案するコイル系の構成を示します。

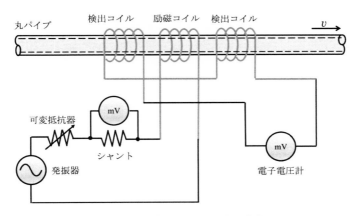

図 2.36　提案するコイル系の構成

　本研究ではプラント内部の配管を想定し，金属丸パイプを使用します。このコイル系では，丸パイプに誘導される渦電流は対称の磁束分布を生じ，検出コイルに起電力は発生しません。しかし，丸パイプが移動し，温度による渦電流の影響が生じると誘導される渦電流は非対称の磁束分布を生じ，それが検出コイルの起電力をアンバランスにします。その結果，差動的に接続された検出コイルの起電力が温度により変化することになります。図 2.37 に渦電流センサ実験システムを示します。

　図 2.37 に示すように，発振器で励磁コイルを励磁し，差動接続された検出コイルの起電力をロックインアンプで測定します。得られたコイル電圧と実効値と位相をロックインアンプに接続された PC の計測ソフトウェ

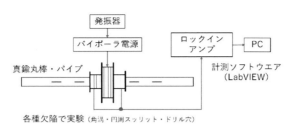

図 2.37　渦電流センサ実験システム

アで取得します.

　励磁コイルの周波数は，500 Hz，1 kHz，2 kHz，5 kHz です. また，励磁電流を 0.2〜1 A に設定し，各種欠陥について高温環境下でないコイルの基礎特性を調査しました。試験片は，ET 試験片（内挿標準試験片:JIMA ET TM-01）を使用しました。この試験片は L420 mm×φ19.05 mm×t1.6 mm で，外面スリット，内周面スリット，ドリル貫通穴などのきず加工がしてあります。

　本研究では，渦電流センサ実験時にコイルを固定し，貫通コイル法で試験片をコイルの中に移動させました。試験片の移動速度は 2 mm/秒です。図 2.38 に検出コイルから得られた出力電圧を示します。各種きず近傍で規則的に電圧が変化し，欠陥信号を捉えていることがわかります。

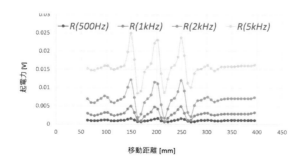

図 2.38　各種きず形状と検出コイルから得られた出力電圧

2.4.4 渦電流センサによる欠陥検出

　本項での目標は，提案する渦電流センサを用いて 100 ℃以上に加熱した高温金属丸パイプ（表面幅 0.5 mm，長さ 5 mm，深さ 1 mm）の角溝の欠陥をコイルの電圧変化から検出することです。コイル系を耐熱仕様に改良し，2.4.3 項で使用したのと同じ試験片を用いて高温の影響を調査しました。

　図 2.39 に高温の影響を考慮した渦電流センサ実験システムを示します。

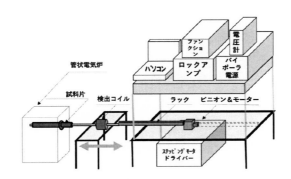

図 2.39　高温下での金属配管の渦電流センサ実験システム

　管状電気炉で 220 ℃以上に試験片を加熱し，電動アクチュエータで試験片を検出コイルの位置に移動させます。そのときの検出コイルの起電力を測定します。図 2.40 に，220 ℃に加熱した試験片の渦電流探傷試験の結果を示します。

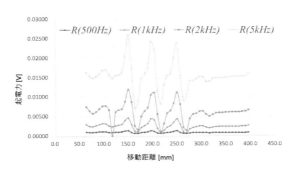

図 2.40　220 ℃の高温金属配管における渦電流探傷試験

55

　図 2.40 から，常温と同様にきず近傍で欠陥信号を捉えていることがわかります。以上より，渦電流探傷用試験片を管状電気炉で 220 ℃に加熱し，開発した耐熱コイル系で真鍮丸パイプの内面円周スリット・外面円周スリット・ドリル穴貫通・内面穴の欠陥信号を検出に成功しました。

　図 2.41 に 1 kH 時の高温と常温によるコイルの出力電圧変化を示します。図 2.41 より，きず近傍での出力電圧変化の波形は同じですが，高温の場合は常温より出力電圧が低下することがわかります。

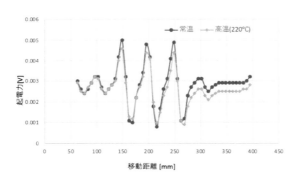

図 2.41　高温と常温によるコイルの出力電圧変化

2.4.5　鈴鹿高専での実験と学生教育への展開

　本研究開発について，卒業研究や特別研究で学生と一緒に行った研究内容を報告します。

　まず，渦電流センサ実験システムの製作について説明します。本研究では，コイルを自作し，製作したコイルのインピーダンス，自己インダクタンス，周波数特性を測定するところから始めました。渦電流探傷はコイルがセンサ部となり，対象物に合わせて自由にコイルを設計開発することができるのが特徴です。

　今回は，対象物に渦電流を発生させる励磁コイル 1 つと差動接続した 2 個の検出コイルからなるコイル構成です。励磁コイルの作成にあたっては，十分に励磁コイルから対象物に磁界を作用できる電流を流すことが重要となります。このあたりは経験的に 0.1〜1.0 A 程度流すことができ

るようにコイル巻線や巻数を検討しました。今回は 200 回巻で直径 0.6 mm のポリアミドイミド銅線を使用しました。次に，検出コイルは直径 0.4 mm のポリアミドイミド銅線をそれぞれ 200 回巻程度巻きます。差動接続した場合でもできる限り低い出力電圧になるように巻数を調整します。

図 2.42 に渦電流センサ実験システムの実際の模様を示します。

図 2.42　実際の渦電流探傷システムの模様

　発信器とバイポーラ電源を励磁コイルと接続し，検出コイルからロックインアンプを接続します。なお，このとき実際に学生が配線を行いました。励磁コイルからの電流はコイルに直列に接続した電子電圧計の値から読み取ります。バイポーラ電源で電流を増幅した際に電子電圧計の針が振れると成功です。検出コイルからの電圧はロックインアンプと接続した PC の計測ソフトウェアで確認します（図 2.43）。この計測ソフトウェアのプログラムも学生自身が行いました。このように，学生自身が渦電流探傷システムを構築することで，基本的な計測機器の使い方の教育ができます。

　このように，外部資金獲得により社会実装を見据えた研究を高専で行うことができます。その研究に学生が携わることができるため，新たな学生教育に繋がったと考えています。

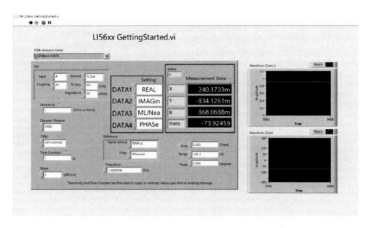

図 2.43　ロックインアンプと接続した計測ソフトウェアの画面

2.5　構造物材料の材質検査と残留磁気の応用

　本節では，石油化学プラントを実証フィールドとした漏洩磁束探傷試験法の適用事例を紹介します。具体的には，2.1 節で説明した欠陥検査だけではなく炭素濃度などの材料の成分評価や，磁化したときに発生する残留磁気を利用した漏洩磁束探傷試験法を紹介します。

2.5.1　漏洩磁束探傷試験法による炭素濃度推定

　石油精製プラントではナフサ，エタン，プロパンなどの炭化水素を沸点温度の違いを利用して熱分解することでエチレン，プロピレンなどの原料を生産しています。

　生産工程で使用されている分解炉（加熱炉）の配管には炭化水素の温度上昇に耐えることができる炭素鋼，低合金鋼，オーステナイト系ステンレス鋼，耐熱鋳鉄など様々な材料が適用されています。そのため，この配管内に発生する損傷も様々であり，それぞれ損傷形態を把握し適切な検査手法で管理を行う必要があります。特に，高温で供用することによるクリープ現象，輻射部反応管で炭化水素が管内面に固着して固形炭素が拡散して起こる浸炭，および固着した炭化水素を除去するために行うデコーキング

で生じてしまう侵食などは対策が困難です。

　本研究では，石油精製プラント内の加熱炉鋼管に発生する浸炭現象を検査対象とした漏洩磁束探傷試験法の提案を行いました。加熱炉鋼管は，一酸化炭素や二酸化炭素，炭化水素が充満する高温環境の中で長年使用され続けることにより，鋼管の内面と外面の両方から肉厚部に浸炭が発生します。具体的には，この鋼管は火炎バーナで外側から加熱されることによって鋼管外面から浸炭が生成され（表面浸炭 d_s と定義します），また，加熱炉鋼管内に高温の原料が流れることによって鋼管肉厚部の内側からも浸炭が生成されます（裏面浸炭 d_0 と定義します）。この浸炭現象は加熱炉内の漏洩や爆発事故を誘発させる可能性が高く，実際の事故事例も多数報告されています。

　浸炭に起因する加熱炉鋼管の損傷メカニズムを説明します。まず，加熱炉鋼管では 1050〜1100 ℃の高温で使用されるため，鋼管内部に炭化水素の分解による炭素析出が生じます。炭素析出は加熱炉鋼管のオーバーヒートの原因になるため，通常 40〜60 日ごとに炭素を除去する必要があります。この作業はデコーキングと呼ばれ，蒸気を注入し鋼管の内壁に付着している炭素を除去します。このとき，鋼管の温度上昇に起因して加熱炉鋼管内部へ炭素が侵入し，浸炭現象が生じます。浸炭が発生した部分は炭素の侵入によって元々の健全部に比べて鋼管の硬度が増し，熱膨張率が小さくなります。そして加熱炉の運転と停止，すなわち加熱と冷却による膨張と収縮を繰り返すことで浸炭部にき裂が発生します。浸炭部の強度および延性の低下も重畳されることによって欠陥が成長しやすい状況になり，漏洩や破損に繋がります。特に，浸炭の進行が著しい（過剰浸炭）位置は破損や破裂などの事故の恐れがあり大変危険です。

　事故防止対策として，加熱炉内の鋼管をすべてメンテナンス時に取り替える方法がありますが，これには莫大なコストと時間が必要となるため現実的ではありません。もし，鋼管の表裏面に発生した浸炭深さの検査が可能となれば，過剰浸炭の鋼管の取り替え時期を設定することが可能となり，浸炭の進行が遅い部分の鋼管の延命によってコストダウンも可能になります。

　実際の現場では浸炭深さを検査する手法として，断面マクロ試験が一般

的に用いられています。この検査手法は破壊検査であるため，検査する鋼管は取り替える前提の加熱炉鋼管で，切り出し工程が必要です。現在，非破壊検査による浸炭深さ検査手法としては超音波による検査手法が試行されています。しかし，この手法では鋼管表面の材料劣化は確認できるものの，表面浸炭の深さ d_s や裏面浸炭深さ d_0 の評価は困難です。また，浸炭層と健全層（以後，生層）との境界面からの反射波が得られないなどの問題があります。その他に，電磁気を利用した検査手法も提案されていますが，表面または裏面のどちらか一方のみからの浸炭深さ検査となっています。

そこで，鋼管の表面のみから 2 種類の交流磁界を交互に印加し，浸炭層と生層の電磁気特性の違いを利用することで加熱炉鋼管の表裏面浸炭深さを推定できる新しい検査手法の提案と実証実験によって，実用化に向けての検討を行いました。

2.5.2　浸炭現象による炭化物析出の観察

ここでは，強磁性体に浸炭が発生したときの炭素濃度変化量を知るために，検査対象である鋼管に炭化物が析出したときの様子を観察しました。石油精製プラントで使用していた鋼管を切り出し，浸炭が発生した鋼管肉厚部 (6 mm) のミクロ組織を観察し硬度検査を行うことで炭化物の析出を確認した報告を記載しています。ミクロ組織の観察には光学顕微鏡を使用しています。

図 2.44 にマクロ組織を観察した鋼管のサンプルを示します。図 2.44 (a) に示すサンプル鋼管①では鋼管の表層から表面浸炭 2.38 mm，鋼管の

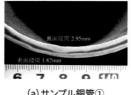
(a) サンプル鋼管①

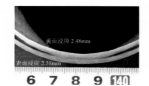
(b) サンプル鋼管②

図 2.44　マクロ組織観察サンプル鋼管

　内側から裏面浸炭 2.48 mm の位置を測定しました。図 2.44 (b) に示すサンプル鋼管②は表面浸炭 1.82 mm, 裏面浸炭 2.95 mm の位置を測定しました。

　図 2.45 (a) にサンプル鋼管①の浸炭が発生していない位置の光学顕微鏡での観察結果を, 図 2.45 (b) に図 2.44 (a) のサンプル鋼管①の浸炭部分の光学顕微鏡によるマクロ組織観察結果を示します。図 2.45 (a) から一様な組織の分布が観測され, 浸炭が発生していない鋼管には炭素の析出は見られないことがわかります。図 2.45 (a) と比べると, 図 2.45 (b) では黒い斑点が観測され, 炭化物の析出が増加していることが分かります。このことから, 本サンプルで使用した加熱炉鋼管で浸炭現象が観察できました。

 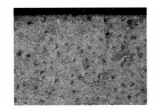

(a) 浸炭が無い場合 　　　　　　　(b) 侵炭が発生した場合

図 2.45　サンプル鋼管①のマクロ組織観察（倍率: ×100）

　次に, 図 2.44 の 2 種類のサンプルを用いて硬さ試験を行いました。加熱炉鋼管の硬さ試験にはビッカース硬さ試験 (HV) を用いています。図 2.46 に示すように, ビッカース硬さ試験ではひし形のダイヤモンド圧子

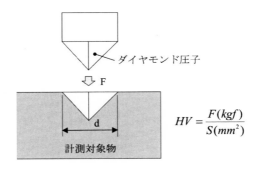

$$HV = \frac{F(kgf)}{S(mm^2)}$$

図 2.46　ビッカース硬さ試験

を試料材料に押し込み，圧子を取り除いた際にできる永久変形のくぼみの対角線長さ d (mm) から接触面積 S (mm^2) を算出します。試験力 F をこの接触面積 S で割った値がビッカース硬さ（単位：HV）です。この数値が大きいほど材料が硬いことになります。

　図 2.47 に示すように，ビッカース硬さ試験では 0.5 mm 間隔ずつ空けた 1〜10 の 10 箇所で検査を行いました。この画像の 1 の位置は鋼管の表面側で，10 の位置は鋼管の裏面側です。サンプル鋼管①とサンプル鋼管②，浸炭がない場合のビッカース硬さ試験の結果を表 2.3 に示します。

図 2.47　ビッカース硬さ試験の測定位置

表 2.3　ビッカース硬さ試験の結果

単位：HV10

測定位置	サンプル①	サンプル②	浸炭なし
1	196	203	165
2	188	191	163
3	138	181	160
4	168	168	159
5	160	164	157
6	170	172	160
7	175	185	162
8	183	191	162
9	188	196	160
10	-	-	166

　ここでビッカース硬さの数値の大きさや表記について説明します。ビッカース硬さは HV で表し，これを硬さ記号と呼びます。硬さ記号の後ろに試験力を表示する必要があり，今回の試験力は 10 kg を使用したため単位は HV10 となります。

　表 2.3 に示す試験結果から，浸炭が発生していない場合は最大値が 166 HV10，最小値が 157 HV10 であり，その差は 9 HV10 ということが分かりました。また，サンプル鋼管①については最大値が 196 HV10，最小値が 160 HV10 であり，その差は 36 HV10 でした。サンプル鋼管②については最大値が 203 HV10，最小値が 164 HV10 であり，その差は 39 HV10 でした。それぞれの最大値を比べると，3 つのサンプルの中で一番深い浸炭をもっていたサンプル鋼管②がビッカース硬さでも一番大きい値が出ていることが分かりました。しかし，最小値については 3 つのサンプル共に同じような値が得られていることが分かりました。

　このことから，炭素の影響によってビッカース硬さの数値が大きくなり，材料は硬くなることがわかります。また，浸炭が発生していない位置での炭素濃度は一定であることと，サンプル①・②において表面・裏面側に近づくほどビッカース硬さの数値が大きくなることから，光学顕微鏡でマクロ組織を確認した結果と同様に，鋼管の表面側と裏面側の両面側から浸炭の進行が始まることが分かりました。

　次に，電子プローブマイクロアナライザー (EPMA :Electron Probe Micro Analyzer) によって加熱炉鋼管 (STFA26) に発生した浸炭層と生層の炭素濃度を測定しました。これによって，検査対象である鋼管の最大炭素濃度を観察します。EPMA とは，真空中で細かく絞られた電子線を試験体表面に照射し，表面の組織および形態の観察を行う計測機器です。また，ミクロンオーダの局所元素分析を行うことも可能で，特性 X 線を計測することにより元素分析を行います。特性 X 線とは，試料を構成する原子の軌道電子を入射電子が原子外に弾き出し，空になった軌道にその外殻から電子が落ち込んでくるとき，その軌道間のエネルギー差で放出される X 線です。特性 X 線のエネルギーは元素ごとに固有の値であるため，これを計測することで元素分析を行うことができます。

　EPMA 解析に用いる X 線の検出には波長分散型分光器 (WDS) を使

用します。図 2.48 (a) に，実際の石油精製プラントで 20 年以上稼働し続けた加熱炉鋼管 (STFA26) の一部を切り出したモデル図を示します。図 2.48 (b) には図 2.48 (a) について EPMA 解析により鋼管断面の炭素濃度測定を行った結果を示します。加熱炉鋼管のサイズは φ114 mm で肉厚 6 mm で，図 2.48 (b) に示したのは表面浸炭深さ d_s=1 mm，裏面浸炭深さ d_o=2.5 mm の部分の EPMA 解析結果です。

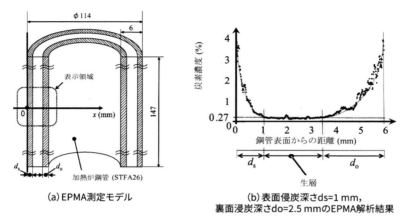

(a) EPMA測定モデル

(b) 表面侵炭深さds=1 mm，
裏面浸炭深さdo=2.5 mmのEPMA解析結果

図 2.48　石油精製プラントの加熱炉鋼管における EPMA 解析

　図 2.48 から，ビッカース硬さ試験で得られた結果と同様に加熱炉鋼管では鋼管の表面または裏面の外側から内側にかけて浸炭が進行していることが分かります。また，浸炭層は最大で約 3.8 ％ の炭素が含まれており，最も炭素濃度が低い生層の炭素濃度は約 0.27 ％ であることが分かりました。さらに，浸炭層は生層に近づくにつれて非線形的に炭素濃度が減少していることも分かりました。

2.5.3　浸炭による磁気特性の変化

　ここでは，加熱炉鋼管の肉厚部内の浸炭層と生層における材料の磁気特性であるヒステリシス曲線の初磁化曲線と導電率の測定を行った結果について説明します。これら電磁気特性の測定に用いる試験片は，実際の石油

精製プラントで使用されていた鋼管から切り出したものです。

図 2.49 に使用する試験片の切り出した位置と試験片の寸法を示します。試験片は実際の加熱炉鋼管から 1 mm × 1 mm，長さ 50 mm の寸法で切り出します。試験片は浸炭が発生していない鋼管から切り出したもの（生材）と，鋼管の肉厚 6 mm 全体に表裏面浸炭が発生した鋼管の浸炭層から切り出した試験片（浸炭材）の 2 種類を使用しています。

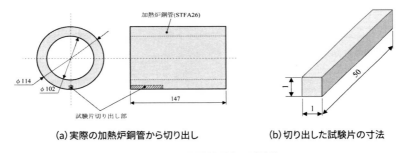

(a) 実際の加熱炉鋼管から切り出し　　　　(b) 切り出した試験片の寸法

図 2.49　磁気特性測定用試験片

切り出した試験片の炭素濃度 C はそれぞれ生材浸炭濃度が 0.27 %，浸炭材の炭素濃度が 3.8 % です。これらの磁気特性の測定には図 2.50 に示す磁気特性測定装置を用いました。図に示すように，試験片の中央に φ0.1 mm のマグネットワイヤーを 50 ターン巻いた磁束密度 B を測定するコイルを設けています。この試験片を 2 つのコの字型ヨーク材で挟み込み，0.1 Hz の低周波交流磁界を励磁印加します。試験片に巻かれた B コイルの上に，薄い空芯板状で φ0.1 mm のマグネットワイヤーを 50 ターン巻いた磁界 H コイルを設置しています。

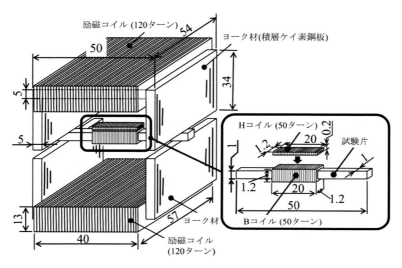

図 2.50　磁気特性測定装置モデル

　試験片内の磁束密度 B は B コイルから得られる出力電圧を積分することで求め，このとき印加したこの磁界 H は H コイルから得られる出力電圧によって求めました。励磁したときに B コイルから得られる出力電圧波形から試験片内の磁束密度 B を求める計算手順について説明します。

　一般的に，検出コイルとされる 2 次コイルから得られる出力電圧 V は次式で表せます。

$$V = -N \frac{d\varphi}{dt} \tag{2.2}$$

ここで N は検出コイルの巻き数，φ は磁束，t は時間をそれぞれ示します。式 (2.2) を φ について解くと，

$$\varphi = -\frac{1}{N} \int V dt \tag{2.3}$$

となります。検出コイルからの出力電圧をデジタルオシロスコープ（Tektronix 製，TDS2002）でデジタルデータ（1 周期当たり 2000 点のデータ）として検出し，台形積分することで近似した磁束 φ を求めました。

そして，試験片の断面積を S とすると磁束密度 B は次式で表せます。

$$B = \frac{\varphi}{S} \tag{2.4}$$

また，磁界 H については，H コイルに得られる出力電圧から磁束密度 B を算出し次によって算出します。

$$H = \frac{B}{\mu} \tag{2.5}$$

以上の方法で測定した生材および浸炭材の磁界 H と磁束密度 B の関係を表した B-H ヒステリシス曲線を図 2.51 と図 2.52 に示します。図 2.51 は浸炭が発生していない生材 (C = 0.27 %)，図 2.52 は浸炭が発生した浸炭材料 (C = 3.8 %) のヒステリシス曲線です。

これらの結果から，炭素濃度 C が大きくなると磁化量の飽和地点である磁気飽和の値が下がっていること分かります。また，磁化を取り除いた後に残る磁束（残留磁束）の値も縦軸との交点を観察することで下がっていることが分かります。残留磁束の残りやすさの指標である保磁力については横軸との交点を観察することで浸炭濃度の上昇によって大きくなることが分かります。

図 2.53 には図 2.51 と図 2.52 のヒステリシス曲線から作成した初磁化

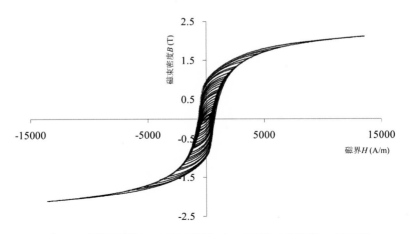

図 2.51　浸炭が発生していない生材のヒステリシス曲線 (C = 0.27 %)

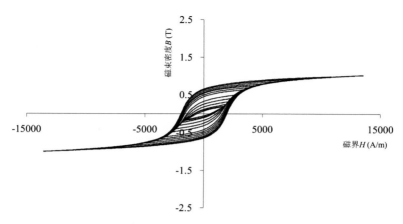

図 2.52　浸炭が発生した材料のヒステリシス曲線 (C = 3.8 %)

曲線を比較した結果を示します。結果から，生材と比べて浸炭材の最大磁束密度の値は半分以下なっていることが読み取れます。これによって，炭素濃度の増加によって磁気特性は低下することがわかりました。

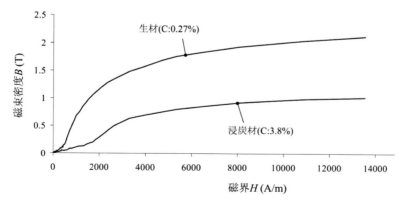

図 2.53　生材と浸炭材の初磁化曲線の比較

図 2.54 は縦軸に比透磁率 μ_r，横軸に磁界 H を表した μ_r–H 曲線について生材と浸炭材で比較した結果を示しています。結果から，生材の最大比

透磁率 μ_r は 528，浸炭材の最大比透磁率 μ_r は 151 であることが分かりました。また，生材と浸炭材で初透磁率の立ち上がりに大きな差が出ていることが分かります。

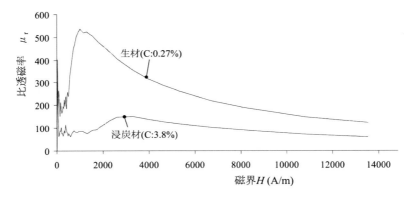

図 2.54　生材と浸炭材の μ_r-H 曲線の比較

　次に，生材と浸炭材の導電率 σ (S/m) を，図 2.55 に示す抵抗測定装置（ケルビンダブルブリッジ低抵抗測定装置）を使用して測定しました。図 2.56 にダブルブリッジ回路を示します。なお，本装置で得られた信号から導電率への変換は次式を使用しました。

$$\sigma = \frac{l}{RS} \tag{2.6}$$

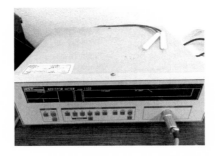

図 2.55　ケルビンダブルブリッッジ低抵抗測定装置

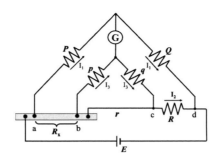

図 2.56　ケルビンダブルブリッジ低抵抗測定回路

　図 2.57 に生材と浸炭材の導電率の測定結果を示します。図から浸炭の進行によって炭素濃度が上昇すると導電率が生材より高くなり，生材と浸炭材の間には 28 ％ の導電率の差が出ていることがわかります。以上の結果から，鋼管肉厚部に磁束を印加させ，これらの電磁気特性の差を検出することで，表裏面の浸炭深さが測定できることがわかりました。

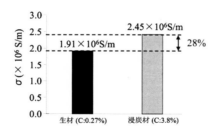

図 2.57　生材と浸炭材の導電率測定結果の比較

2.5.4　漏洩磁束探傷電磁気センサの提案と実験結果

　図 2.58 に今回の研究で提案する浸炭深さ推定用の提案電磁気センサのモデル図を示します。本研究で使用する電磁気センサは励磁コイル部と検出コイル部の 2 つのコイルとヨーク材で構成されています。励磁コイル部は φ1.0 mm のマグネットワイヤーを 80 ターン巻いて構成されており，検出コイル部は φ0.1 mm のマグネットワイヤーを 100 ターン巻いて

構成されています。また，励磁コイル部ではコの字形の積層ケイ素鋼板材をヨーク材と使用し，検出コイル部では厚さ 1 mm の積層ケイ素鋼板材をヨーク材として使用しています。検出コイル部は励磁コイル部の両足の真ん中に設置されており，漏洩磁束によって発生する誘電起電力を出力電圧信号として検出します。

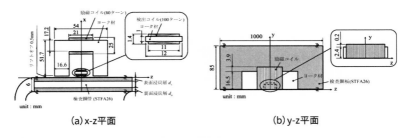

(a) x-z平面   (b) y-z平面

図 2.58　浸炭深さ測定電磁気センサモデル

　本研究の検査対象は石油精製プラントの加熱炉で使用されている加熱炉鋼管 (STFA26) です。この鋼管は外直径 φ114 mm で肉厚は 6 mm と規格で定められており，材質も STFA26 材で統一されています。検査対象である加熱炉鋼管と電磁気センサとの間には 0.5 mm の間隔 (Lift-off) を設けています。表 2.4 に提案電磁気センサに印加する励磁条件を示します。

表 2.4　印加交流磁界の励磁条件

	表面浸炭深さ d_{s}	裏面浸炭深さ d_{o}
電流	0.2 A	0.2 A
周波数	500 Hz	15 Hz

　本研究では表面浸炭と裏面浸炭で異なる励磁条件を使用します。印加磁界条件については，表面浸炭深さ d_{s} を検査する場合は交流磁界条件 500 Hz，0.2 A を使用します。これは周波数 500 Hz を使用したとき，鋼管に浸炭層が存在しない生層のみの鋼管だと仮定した場合，磁束の浸透深さ

は約 1.13 mm となり，磁束を鋼管表層に集中して分布させることができるためです。これによって，裏面浸炭深さ d_o の影響を受けずに表面浸炭深さ d_s のみの検査が可能になります。また，裏面浸炭深さ d_o を検査する場合は交流磁界条件 15 Hz，0.2 A を使用します。これは周波数 15 Hz を印加したとき，鋼管に浸炭層が存在しない生層のみの鋼管だと仮定した場合，磁束の浸透深さは約 6.57 mm となり，鋼管肉厚 6 mm 全体に磁束の浸透が可能になるためです。

　提案電磁気センサの浸炭深さによる電圧信号の違いを測定する原理としては，鋼管の表面から 2 種類の周波数の交流磁界を別々のタイミングで印加し，電磁気センサの U 字形部分と検査対象である鋼管との間に磁束の閉ループを作り，閉ループから鋼管表面に漏れた磁束を検出コイルの出力電圧として検出します。このとき，鋼管表面に漏れる磁束は浸炭深さに応じて変化し，この変化は浸炭層と生層の電磁気特性の違いによって生じます。

　電磁気センサを使用して，表裏面浸炭深さが変化した場合に得られる出力電圧信号がどのくらい変化するのかを実験によって調べました。表 2.5 に検査実験に使用した加熱炉鋼管の一覧を示します。表面浸炭深さ d_s の

表 2.5　実験で使用した鋼管の表裏面浸炭深さ一覧

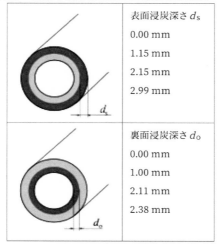

	表面浸炭深さ d_s
	0.00 mm
	1.15 mm
	2.15 mm
	2.99 mm
	裏面浸炭深さ d_o
	0.00 mm
	1.00 mm
	2.11 mm
	2.38 mm

実験では表面浸炭のみが 0 mm, 1.15 mm, 2.15 mm, 2.99 mm と発生した鋼管, 裏面浸炭深さ d_o の実験では裏面浸炭深さのみが 0 mm, 1.00 mm, 2.11 mm, 2.38 mm と変化した鋼管を使用し, 表裏面でそれぞれ 4 パターンずつ用意しました。

図 2.59 には表面浸炭深さ d_s の測定実験結果を示し, 図 2.60 には裏面浸炭深さ d_o の測定実験結果を示しました。それぞれの図の縦軸は検出コイルから得られた出力電圧信号の変化率 η_s または η_o を表しており, 横軸には表面浸炭深さ d_s または d_o を表しています。なお, 変化率は表裏面浸炭深さが 0 mm の鋼管で得られた出力電圧信号を基準にしています。

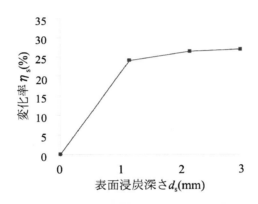

図 2.59　表面浸炭深さ d_s のみが変化した場合の出力電圧信号の変化率

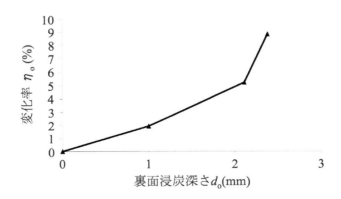

図 2.60　裏面浸炭深さ d_o のみが変化した場合の出力電圧信号の変化率

　それぞれの図から，表面または裏面の浸炭深さの増加と共に検出コイルに得られる出力電圧信号も増加していることが分かりました。また，表面浸炭深さ d_s のみが変化した場合，表面浸炭深さ d_s の増加と共に変化率 η_s の増加量は減少していることが分かります。例えば，図 2.59 において d_s=0〜1.15 mm の変化では η_s=24 % 程度増加しますが，d_s=1.15〜2.15 mm での変化では η_s =2 % 程度増加します。このことから，図 2.59 の場合，表面浸炭深さ d_s =1.15 mm 以上では η_s の増加が小さいため，表面浸炭深さ d_s の推定が困難になる可能性が考えられます。

　一方，裏面浸炭深さ d_o のみが変化した場合，裏面浸炭深さ d_o の増加と共に変化率 η_o の増加量は増加していることが分かりました。例えば，図 2.60 において d_o =0〜1 mm の変化では η_o=2 % 程度増加しますが，d_o =1〜2.11 mm での変化では η_o =3 % 程度増加します。このことから，図 2.60 の場合，裏面浸炭深さ d_o=1 mm 以下では η_o の増加が小さいため，裏面浸炭深さ d_o の推定が困難である可能性が考えられます。

2.5.5　炭素濃度分布を考慮した非線形電磁界解析

　鋼管肉厚部に発生した浸炭層の炭素濃度は，浸炭層から生層に近づくにつれて非線形的に減衰することが本研究での磁気特性の測定や EPMA 解析結果からわかりました。このことから，発生した浸炭層内でも浸炭による磁気特性の変化は一律な値ではなく徐々に変化していることもわかりました。そのため浸炭深さの位置によって B-H 曲線や導電率の値も異なる値を示します。この現象を再現した解析を行うために，EPMA 解析の炭素濃度分布に合わせた B-H 曲線や導電率を完全浸炭層と生層の電磁気特性を使用して補間し，非線形電磁界解析を行いました。

　具体的な導出方法について説明します。初磁化曲線を用いた非線形解析では B-H 曲線を磁気抵抗率 ν $(=1/(\mu_0 \times \mu_r))$ と磁束密度 B の 2 乗 B^2 の ν-B^2 曲線に変更し，ν をパラメータとした非線形計算を行います。非線形電磁界解析で使用した $\nu - B^2$ 曲線の例を図 2.61 に示します。図中の実線は B-H 曲線と μ_r-H 曲線より作成した鋼管肉厚部の生層（炭素濃度：0.27 %）と浸炭濃度が一番高い層（炭素濃度：3.8 %）の $\nu - B^2$ 曲線をそれぞれ示しています。

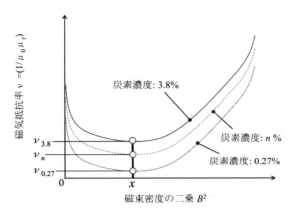

図 2.61 $\nu - B^2$ 曲線 (STFA26)

　ある任意の鋼管肉厚部内の要素の炭素濃度が n $(0.27< n <3.8)$ ％ で
あったとします。このとき，その要素内の磁束密度の 2 乗 $(B^2 = x)$ に対
応する磁気抵抗率 ν_n は，EPMA 分布を考慮し，生層 (C:0.27 ％) と浸炭
層 (C : 3.8 ％) の $\nu - B^2$ 曲線を使用して補間しました。EPMA 解析の結
果から，炭素濃度分布は浸炭層から生層に近づくにつれて非線形的に減衰
することがわかりますが，この非線形の傾きは浸炭深さによって変化し
ます。

　そこで，本研究では各浸炭深さに対応した浸炭層内の炭素濃度分布を 2
次曲線で近似し，その 2 次曲線に対応する非線形磁化曲線と導電率を補間
で求めました。例として鋼管表面から浸炭深さが存在する場合の浸炭層
内の補間法について，図 2.62 を用いて説明します。図は鋼管の表面から
1.2 mm の浸炭深さで，浸炭層の最大炭素濃度は 3.8 ％，生層の最小炭素
濃度を 0.27 ％ と仮定した場合の 2 次曲線を示しています。2 次曲線の方
程式は次式によって算出します。

$$n = a\,(x - ds)^2 + 0.27\,(\%) \tag{2.7}$$

a は曲線の傾き，x は任意の表面浸炭深さ (mm) を表しています。2 点 (0,
3.8)，$(d_s, 0.27)$ を EPMA 等で得られた近似曲線の方程式に代入するこ
とで傾き a が得られます。

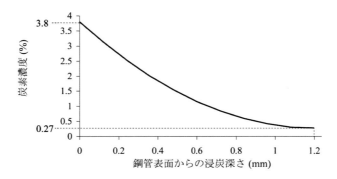

図 2.62　補間曲線の例（表面浸炭深さ d_s =1.2 mm）

　図 2.62 は縦軸に炭素濃度，横軸に鋼管表面からの浸炭深さを表してい
ます。まず，この曲線を使用して任意の深さの炭素濃度 n ($0.27< n <3.8$)
% を算出します。次に，図 2.62 と式 (2.8) を使用して任意の炭素濃度 n
% における磁気抵抗率 ν を補間によって求めます。

$$v_n = \frac{n}{(3.8 - 0.27)}\,(v_{3.8} - v_{0.27}) + v_{0.27} \tag{2.8}$$

ここで，ν_n は任意の深さでの磁気抵抗率，$\nu_{3.8}$ は最大炭素濃度時の磁気
抵抗率，$\nu_{0.27}$ は生層の磁気抵抗率を表します。同様に，導電率について
も次式によって任意の深さの値を補間して求めました。

$$\sigma_n = \frac{n}{(3.8 - 0.27)}\,(\sigma_{3.8} - \sigma_{0.27}) + \sigma_{0.27} \tag{2.9}$$

ここで，σ_n は任意の深さでの導電率，$\sigma_{3.8}$($=2.45×10^6$S/m) は最大炭素
濃度時の導電率，$\sigma_{0.27}$($=1.91×10^6$S/m) は生層の導電率を表しています。
この補間計算を浸炭層として設定し全要素に適用しています。

　図 2.63 に検査鋼管を含む解析モデルを示します。(a) は解析モデル全体
図，(b) は全体の寸法図，(c) は励磁コイル周辺の寸法図です。解析では実
験で使用した電磁気センサと同じモデルを使用します。磁気センサの解析
モデルにはコの字型の積層鋼板材に励磁コイルを巻いた励磁コイルと，コ
の字型の積層鋼板材の両足の中心に厚さ 1 mm の薄い積層ケイ素鋼板の
検出コイルを設置しています。

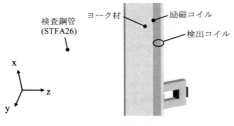

(a) 全体図

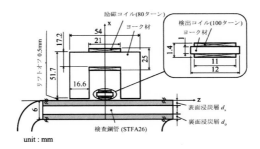

(b) 全体の寸法図

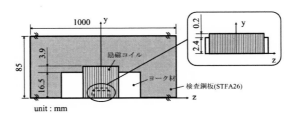

(c) 励磁コイルの周辺の寸法図

図 2.63　解析モデル

　表 2.6 に解析条件を示します。検査鋼管と提案電磁気センサとの間隔（リフトオフ）は検査実験と同様に 0.5 mm としました。交流磁界によって時間経過と共に励磁電流が変化するため，時間区間ごとに順次積分する step-by-step 法を用います。ここでの時間間隔 $\triangle t$ は表面浸炭深さ推定に使用する 500 Hz のときは $\triangle t = 6.25 \times 10^{-4}$ (s)，裏面浸炭深さ推定に使用する 15 Hz のときは $\triangle t = 4.16 \times 10^{-3}$ (s) としました。

表 2.6　解析条件

励磁コイル	80 ターン
検出コイル	100 ターン
リフトオフ	0.5 mm
生層	σ =1.9x10⁶ S/m, μ_r=528
浸炭層	σ =2.5x10⁶ S/m, μ_r=151
ヨーク材	μ_r=60000
要素数	173756
収束判定	N-R 法 1.0x10⁻⁴ T, ICCG 法 1.0x10⁻⁴
時間間隔	500 Hz: Δt=1.25x10⁻⁴ s, 15 Hz: Δt=4.16x10⁻³ s

　図 2.64 (b)〜(g) に励磁周波数 500 Hz で表面浸炭深さ d_s のみを変化させた場合の加熱炉鋼管内の磁束分布の変化を示します。また，図 2.64 (a) に (b)〜(g) で示した磁束分布の表示領域を示します。

　図 2.64 (b)〜(e) より，表面浸炭深さ d_s が 0〜3 mm まで増加した場合，鋼管内の最大磁束密度 B_{max} は浸炭深さの増加と共に低下していることが分かりました。また図 2.64(f), (g) より，表面浸炭深さ d_s が 4 mm と 5 mm の場合は，最大磁束密度 B_{max} の値の変化が 3mm 以下のときに比べて得られにくくなっています。これは，表面浸炭深さ d_s の増加によって鋼管表面の電磁気特性が低下することで鋼管表面に漏洩する磁束が大きくなり，これにより表面浸炭深さ d_s の増加と共に検出コイルに得られる出力電圧信号も増加するためです。

　また，図 2.64 (b)〜(g) の検出コイル内の最大磁束密度 B_{max} から，表面浸炭深さ d_s の増加と共に検出コイル内の最大磁束密度 B_{max} の値も増加していることが分かりました。しかし，表面浸炭深さ d_s が深くなるにつれて検出コイル内の最大磁束密度 B_{max} の変化量が小さくなることが分かりました。この結果から，シミュレーションと実際の実験で同じ傾向が得られていることが分かりました。

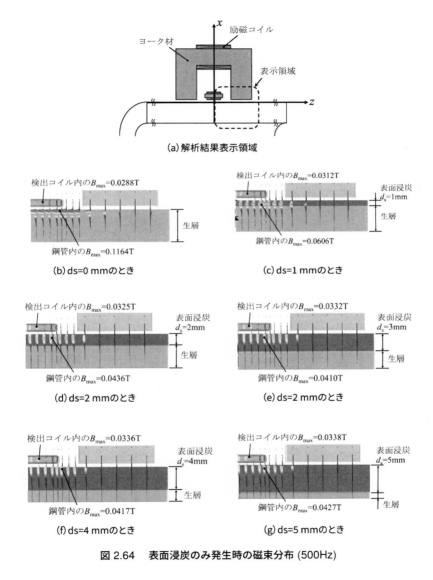

(a) 解析結果表示領域

(b) ds=0 mmのとき

(c) ds=1 mmのとき

(d) ds=2 mmのとき

(e) ds=2 mmのとき

(f) ds=4 mmのとき

(g) ds=5 mmのとき

図 2.64　表面浸炭のみ発生時の磁束分布 (500Hz)

このことから，500 Hz 印加のとき磁束は表面に集中するので表面浸炭深さ d_s が大きい場合は裏面浸炭深さ d_o の推定が困難になる可能性が考え

られます。しかし，周波数を下げて浸透深さを大きくすると，裏面浸炭まで考慮してしまう問題が発生します。

　図 2.65 (b)〜(g) に励磁周波数 15 Hz で裏面浸炭深さ d_o のみを変化させた場合の加熱炉鋼管内の磁束分布の変化を示します。図 2.65 (a) には (b)〜(g) で示した磁束分布の表示領域を示します。

　図 2.65 (b)〜(g) より鋼管内の最大磁束密度 B_{max} を比べると，d_o が浅い場合の B_{max} の増加量は小さいものの，d_o の増加と共に B_{max} も増加していることが分かりました。また，検出コイル内に発生する最大磁束密度 B_{max} についても d_o の増加と共に増加していることが分かりました。

　これは，鋼板の肉厚に対して磁束が浸透しにくい浸炭層の割合が増加すると，磁束が分布する生層の領域が減少し磁束密度が大きくなるためです。また，生層の減少と共に鋼管表面に漏洩する磁束も大きくなり，検出コイルの出力電圧信号も大きくなることが分かりました。

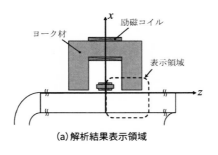

(a) 解析結果表示領域

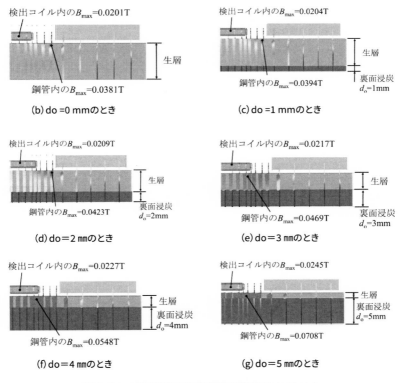

検出コイル内のB_{max}=0.0201T
生層
鋼管内のB_{max}=0.0381T

(b) do =0 mmのとき

検出コイル内のB_{max}=0.0204T
生層
裏面浸炭
d_o=1mm
鋼管内のB_{max}=0.0394T

(c) do =1 mmのとき

検出コイル内のB_{max}=0.0209T
生層
裏面浸炭
d_o=2mm
鋼管内のB_{max}=0.0423T

(d) do＝2 mmのとき

検出コイル内のB_{max}=0.0217T
生層
裏面浸炭
d_o=3mm
鋼管内のB_{max}=0.0469T

(e) do＝3 mmのとき

検出コイル内のB_{max}=0.0227T
生層
裏面浸炭
d_o=4mm
鋼管内のB_{max}=0.0548T

(f) do＝4 mmのとき

検出コイル内のB_{max}=0.0245T
生層
裏面浸炭
d_o=5mm
鋼管内のB_{max}=0.0708T

(g) do＝5 mmのとき

図 2.65　裏面浸炭のみ発生時の磁束分布 (15 Hz)

　図 2.66 に表裏面共に浸炭が発生した場合の磁束分布を示します。(a) には磁束分布の表示領域を，(b)〜(e) にはそれぞれ表裏面共に浸炭が発生し

ている場合の磁束分布を示します。

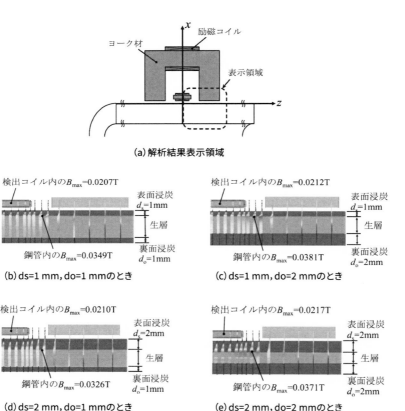

(a) 解析結果表示領域

検出コイル内のB_max=0.0207T

表面浸炭
d_s=1mm

生層

鋼管内のB_max=0.0349T

裏面浸炭
d_o=1mm

(b) ds=1 mm, do=1 mmのとき

検出コイル内のB_max=0.0212T

表面浸炭
d_s=1mm

生層

鋼管内のB_max=0.0381T

裏面浸炭
d_o=2mm

(c) ds=1 mm, do=2 mmのとき

検出コイル内のB_max=0.0210T

表面浸炭
d_s=2mm

生層

鋼管内のB_max=0.0326T

裏面浸炭
d_o=1mm

(d) ds=2 mm, do=1 mmのとき

検出コイル内のB_max=0.0217T

表面浸炭
d_s=2mm

生層

鋼管内のB_max=0.0371T

裏面浸炭
d_o=2mm

(e) ds=2 mm, do=2 mmのとき

図 2.66　表裏面浸炭発生時の磁束分布 (15 Hz)

　図 2.66 の (b) と (c) を比べると，鋼管内と検出コイル内の最大磁束密度 B_max はどちらも裏面浸炭深さ d_o が大きい方が大きくなることが分かりました。これは，(d) と (e) を比べても同様です。よって，表面浸炭 d_s が発生している場合でも周波数 15 Hz によって裏面浸炭深さ d_o の変化を検出コイルの出力電圧で読み取ることができることが分かります。

　また，図 2.66 の (b) と (d)，(c) と (e) の磁束分布を比べると，鋼管内の

最大磁束密度 B_{max} は表面浸炭深さ d_s の増加によって低下している一方，検出コイル内の最大磁束密度 B_{max} は表面浸炭深さ d_s の増加によって値が上昇することが分かりました。

　これらの結果から，d_s または d_o が増加すると検出コイルから得られる出力電圧信号は大きくなることが分かりました。d_s のみまたは d_o のみの浸炭深さが変化したときと同様に鋼管内の最大磁束密度 B_{max} は，表面浸炭深さ d_s が増加すると小さくなり，裏面浸炭深さ d_o が増加すると大きくなることが分かりました。

　浸炭が発生していない鋼管について，励磁条件が 500 Hz と 15 Hz のときの検出コイル内磁束密度の実験結果と解析結果を表 2.7 に示します。表 2.7 から，実験と解析では結果に 15 % 前後の差が見られ，いずれも実験結果の方が解析結果より値が小さいことが分かりました。これは，生層の炭素含有量は 0.27 % ですが，実験で使用した鋼管はプラントから切り出した鋼管であるため，鋼管に発生した錆などが原因となり炭素含有量が増加したためと考えられます。現場においては鋼管表裏面の錆を完全に除去する等の処理が困難であるので，本研究ではプラント内で限りなく生材 (C = 0.27 %) に近いと思われる鋼管をあらかじめ測定し，その信号を基準とする比較検査による検討を行いました。

表 2.7　検出コイル内磁束密度の実験結果と解析結果の比較

励磁条件	実験結果	解析結果
500 Hz, 0.2 A	0.0199 T	0.0226 T
15 Hz, 0.2 A	0.0131 T	0.0161 T

　図 2.67 と図 2.68 に実験結果と解析結果の比較を示します。図 2.67 は表面浸炭深さ d_s のみが変化し，裏面浸炭なし (d_o = 0 mm) の場合の比較結果です。図 2.68 は裏面浸炭深さ d_o のみが変化し，表面浸炭なし (d_s = 0 mm) の場合の検査結果を示します。

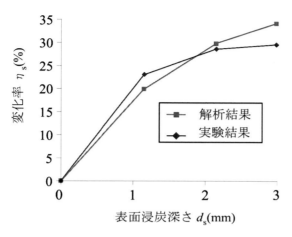

図 2.67　**表面浸炭深さ d_s のみが変化した場合の変化率 η_s (500 Hz)**

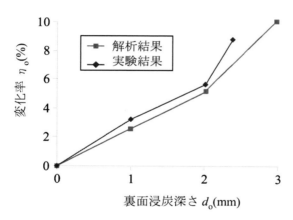

図 2.68　**裏面浸炭深さ d_o のみが変化した変化率 η_o (15 Hz)**

　図 2.67 は 500 Hz を使用し，横軸に表面浸炭深さ d_s (mm)，縦軸に検出コイルに鎖交した磁束密度を基準とし，各浸炭深さの変化率 η_s (%) を示しています。ここで，変化率 η_s (%) は次式によって算出しました。

$$\eta_s = \frac{B_{zs} - B_{zs(0.27)}}{B_{zs(0.27)}} \times 100 \,(\%) \tag{2.10}$$

B_{zs} は任意の表面浸炭深さの鋼管の磁束密度を測定した結果を示し，$B_{zs(0.27)}$ は浸炭が生じていない鋼管の磁束密度を測定した結果である基準値を示しています。

また図 2.68 は，15 Hz を使用し，横軸に裏面浸炭深さ d_o (mm)，縦軸は浸炭なし ($d_o = 0$ mm) のときの検出コイルに鎖交した磁束密度を基準とした変化率 η_o (%) を示しています。変化率 η_o (%) は次式によって算出しました。

$$\eta_o = \frac{B_{zo} - B_{zo(0.27)}}{B_{zo(0.27)}} \times 100 \,(\%) \tag{2.11}$$

B_{zo} は任意の裏面浸炭深さの鋼管の磁束密度を測定した結果を示し，$B_{zo(0.27)}$ は浸炭が生じていない鋼管の磁束密度を測定した結果である基準値を示しています。

図 2.67 と図 2.68 から，実際のプラントで使用された鋼管について，実験と解析値は同様の傾向を示していることが分かります。

2.5.6 鳥羽商船高専での取り組みと学生教育への展開

本研究手法の社会実装へ向けた取り組みとして，実際の化学プラントでの実証実験を行いました。実証実験に向けて，これまでの浸炭深さ測定に関する基礎検討を踏まえて浸炭深さ推定方法を提案しました。なおここでは，表裏面の浸炭深さが共に不明な鋼管を検査する方法を提案しています。

まず初めに 500 Hz，0.2 A の励磁条件で表面浸炭深さ d_s のみを測定し，次に 15 Hz，0.2 A の励磁条件で裏面浸炭深さ d_o を測定します。表裏面浸炭深さが未知の鋼管に対しては，検出コイルに鎖交する磁束密度の変化率を利用して表裏面浸炭深さを推定します。

図 2.69 に励磁条件を 500 Hz，0.2 A とし，表面浸炭深さ d_s のみをパラメータとした場合の解析によって得られた検定曲線を示します。横軸に表面浸炭深さ d_s (mm)，縦軸には $d_s = 0$ mm のときに検出コイル内の磁束密度を出力電圧に変換し，基準とした変化率 η_s (%) を示しています。図 2.69 より，検定でも実験と同様に d_s の増加と共に変化率 η_s も増加し，変化率 η_s の増加量は d_s の増加と共に減少している傾向が得られました。

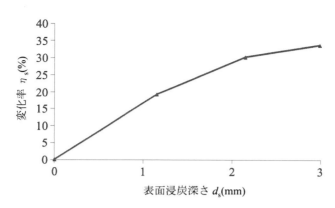

図 2.69　表面浸炭深さ推定用検定曲線 (500 Hz)

　図 2.70 に励磁条件 15 Hz，0.2 A とし，裏面浸炭深さ d_o のみをパラメータとした場合の解析によって得られた検定曲線を示します。横軸に裏面浸炭深さ d_o (mm)，縦軸に $d_o = 0$ mm，$d_s = 0$ mm のときの出力電圧を基準とした変化率 η_o (%) を示しています。また図内の複数の曲線は，表面浸炭深さ d_s が異なる場合をそれぞれ示しています。本検査手法では，図 2.69 と図 2.70 を使用して表裏面浸炭深さの推定を行います。

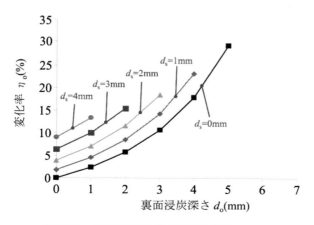

図 2.70　裏面浸炭深さ推定用検定曲線 (15 Hz)

　鋼管の表裏面浸炭深さの検査手順としては，初めに交流磁界条件 500 Hz，0.2 A で検査を行い，図 2.69 の検定曲線を使用して表面浸炭深さ d_S のみを推定します。鋼管に 500 Hz の交流磁界を印加すると，表皮効果の影響から磁束は表層のみに分布するため，d_S の変化のみに影響を受けます。そのため，裏面浸炭深さ d_0 の影響を受けないことから，d_S の推定には図 2.69 に示す 1 本のみの検定曲線を使用します。

　次に，電磁気センサの位置を固定したまま交流磁界条件の周波数を 500 Hz から 15 Hz に変更して検査を行います。先に 500 Hz，0.2 A の磁界条件で図 2.69 を使用して d_S が推定されているので，この d_S と図 2.70 の裏面検定曲線を使用して裏面浸炭深さ d_0 を推定します。なお，図に表示されていない d_S が図 2.69 で得られた場合，その d_S に近い図内の 2 曲線を選択し線形補間を用いて新たな曲線を算出することで d_0 を決定します。

　本研究では先の手順を用いて，実際の石油精製プラントで約 20 年間使用された 2 箇所の加熱炉鋼管 (STFA26) を切り出し，表裏面浸炭深さ検査を行いました。図 2.71 は鋼管の周方向の検査位置を表しています。角度 22.5 deg. ピッチ ×16 点の検査を行いました。なお，鋼管の軸方向における検査位置は提案電磁気センサの中心部から鋼管の端部まで 50 mm で一定としました。

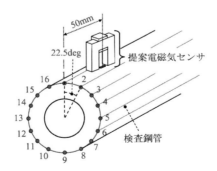

図 2.71　検証実験検査位置

　図 2.72 と図 2.73 に検証実験結果を示します。図 2.72 は全体的に浸炭

が少ない鋼管を検査対象に，図 2.73 は全体的に浸炭が多い鋼管を検査対象にした結果を示しました。なお両図内には，本提案手法の妥当性を確かめるために実施した各鋼管の断面マクロ試験による表裏面浸炭深さの検査結果も併せて示しています。図 2.72 と図 2.73 の横軸は，図 2.71 に示す鋼管の周方向の角度（22.5 deg. ピッチ ×16 点）を表しています。また縦軸は数値の小さい領域が鋼管の内径側（裏面側）を表し，数値が大きい領域が鋼管の外径側（表面側）を表しています。つまり，肉厚が 6 mm のときの鋼管の内径側を 0 mm，外径側を 6 mm として表しています。検証実験結果から，浸炭が少ない場合はマクロ試験結果と類似した結果が得られていることが分かりました。一方，浸炭が多い場合は，裏面浸炭深さが大きい場合に誤差が見られるものの，表裏面浸炭深さの推定が行えていることがわかります。

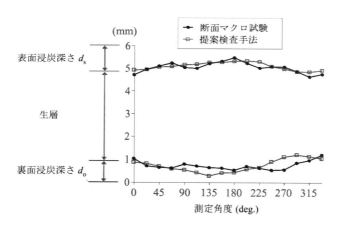

図 2.72　検証実験結果（浸炭が少ない場合）

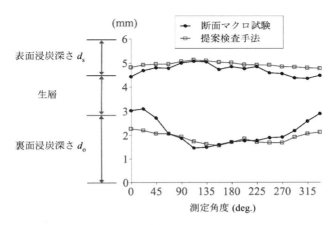

図 2.73 検証実験結果（浸炭が多い場合）

　本研究の取り組みとして，学生を交えた浸炭深さ推定検査法の実用化に向けた実証実験を行っています。また，推定精度や分解能の向上に向けた新たな研究に関して基礎検討を行う予定であり，実際のプラントを使用した実証実験など，学生が実用化までの一貫した工程を体験することができます。鳥羽商船高専ではこのように即戦力技術者の育成に努めています。

参考文献

[1]　長谷川勝宣：石油精製・石油化学プラント設備の高経年化マネジメント，『一般社団法人日本非破壊検査協会 非破壊検査 検査と材料の評価』，vol.62, no.9, pp.440-446 (2013)

[2]　多田豊和，末次秀彦，森久和:非破壊検査技術の化学プラントへの適用，『一般社団法人日本非破壊検査協会 非破壊検査 検査と材料の評価』，vol.58, no.11, pp.476-479 (2009)

[3]　谷村康行：非破壊検査 基礎のきそ，日刊工業新聞社 (2011)

[4]　日本機械学会編集：『計測法シリーズ 3 非破壊検査技術』朝倉書庫 (1990)

[5]　日本非破壊検査協会：非破壊検査技術シリーズ 非破壊検査概論，『日本非破壊検査』(1993)

[6]　日本非破壊検査協会：渦流探傷試験 III，『日本非破壊検査』(2003)

[7]　加藤光昭：『非破壊検査のおはなし財団法人』，日本規格協会 (1999)

[8]　程衛英，古村一郎：パルス渦電流試験法による減厚評価のシミュレーション解析，『溶接・非破壊検査技術センター　技術レビュー』vol.7 (2011)

第3章

磁気光学イメージング

本章では，磁気光学イメージングを応用した非破壊試験法について，その原理から具体的な研究成果までをご紹介します。磁気光学イメージングは，金属表面に存在するき裂から漏洩する磁界を画像化することにより欠陥を探査する方法として利用できます。ここではまず磁気現象の基礎から順を追ってご説明したいと思います。

3.1　磁気光学イメージングの原理

　本章では，磁気光学イメージングを利用した非破壊試験法について紹介しますが，まずは磁気光学イメージングとはどのような手法なのかを理解する必要があります。そこで，本節ではその原理や基礎的な事項について解説します。

3.1.1　磁気光学効果とは

　磁気光学効果 [1] とは聞いたことがない言葉かもしれませんが，これまでにも日常の様々なところで利用されてきました。例えば，フロッピーディスクやミニディスクといった光磁気ディスク，光通信には欠かせないアイソレータ，さらに近年では光コンピュータの要素技術としてなど，実用例には枚挙にいとまがありません。磁気光学効果とは，広く一言で表現するならば，磁気が光に対して与える何かしらの影響を指します。

　もう少し詳しく説明しましょう。光が電磁波の一種ということは，この本をお読みの皆様であればご存じのことかもしれません。電磁波とは，電場と磁場の変動を伴って伝搬する波であり，逆に電場や磁場により何かしらの影響を受けることになります。また，光は磁場の影響により位相が変調されたり，偏光面が回転したりするような影響を受けます。これを光学活性と呼びます。

　特に物質中の磁化（磁力の源）の存在によって生じる光学活性を磁気光学効果と呼び，光と磁気の相互作用により物質の磁気的性質が光に及ぼす効果を表します。磁気光学効果にはいくつかの現象が知られています。以下に代表的な磁気光学効果を示します。

① 　ファラデー効果
② 　磁気カー効果
- 極カー効果
- 縦カー効果
- 横カー効果
③ 　その他，コットン-ムートン効果，マグネトプラズマ共鳴効果

　本書では，磁気光学イメージングの原理としてファラデー効果について取り扱っています。ファラデー効果とは，物質の透過光に対する磁気光学効果です。一方，物質の反射光に対する磁気光学効果も存在し，これを磁気カー効果と呼びます。磁気カー効果は，入射光の方向に対する物質の磁化の方向により上記に示した3種類に分類されます。

　ここでは本章で取り扱うファラデー効果について詳しく見ていきましょう。光には，磁界ベクトルで表現される偏光面と，電界ベクトルで表現される振動面があります。磁界ベクトルと電界ベクトルは常に直交して進行します。太陽光や蛍光灯の光など自然に近い光は時間的にランダムな方向を向いており，任意の方向で一様に分布しています。我々が日常で目にする多くの光はこのような自然光と呼ばれる光で構成されています。

　一方で，偏光面（あるいは振動面）の振動方向が特定の方向に振動している光が存在します。例えば，レーザ光や液晶ディスプレイから照射される光，近年の3D方式で上映される一部の映画のプロジェクタから照射される光などがそれにあたります。このように偏光面が一つの平面に限定された光を直線偏光と呼びます。ファラデー効果とは，磁性材料を透過した直線偏光の偏光面が回転する現象です（図3.1）。ファラデー効果によって回転した偏光面の角度をファラデー回転角と呼び，磁性材料の中を光が進行した距離（光路長）と磁化の大きさに比例して大きくなります。

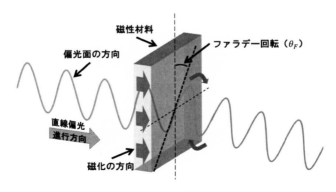

図 3.1　ファラデー効果のイメージ

　強磁性材料のファラデー回転角 θ_F は，飽和磁化を M_s，光の進行方向
と平行な磁化の大きさを M，光が磁性体を透過する距離を l としたとき，

$$\theta_F = F \times \frac{M}{M_s} \times l \tag{3.1}$$

となります。F はファラデー回転係数という材料固有の値です。

　式 (3.1) から，ファラデー回転角は磁化の値，すなわち磁性材料がさら
されている外部磁界の大きさと方向に依存することが分かります。また
ファラデー回転角は光路長にも比例して大きくなります。このとき使用さ
れる磁性材料を磁気光学材料と呼び，ファラデー効果を利用する場合，磁
気光学材料は光が透過する必要があるため，数マイクロメートル程度の厚
さの薄膜がよく利用されます。

3.1.2　磁気現象の基礎

　磁石に引き寄せられる材料は一般的に磁性材料などと呼ばれます。中で
も，鉄やコバルト，ニッケルに代表されるような強い磁力を発する材料を
強磁性材料と呼びます [2]。本項では詳しい電磁気学の内容には踏み込み
ませんが，現象論的に強磁性材料表面の欠陥から磁束が漏洩する理由につ
いて，図 3.2 に示すモデルで簡単に説明します。

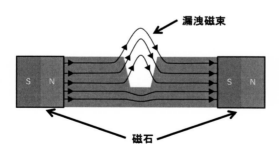

図 3.2　強磁性体の欠陥による漏洩磁束

　図 3.2 は，強磁性材料の両端に磁石を吸着させて磁化したときの様子で
す。マクスウェルの方程式によれば，N 極と S 極はセットで存在し，強
磁性体内では N 極と S 極が対になって連続的に存在しています。ところ

が材料表面に欠陥が存在する場合，欠陥の両端でN極とS極の連続性が途切れて不連続となるため，欠陥の端部ではN極かS極のどちらかの磁極が現れることになります。この磁極から磁力が発生するため，欠陥の近傍において磁束が空間中に露出することになります。

このような磁束を漏洩磁束と呼びます。一方，欠陥のような表面の不連続部がない場合には磁極が現れないため，漏洩磁束はほとんど生じません。なお，この現象を利用した代表的な非破壊試験に磁粉探傷試験があります（2.1.2項参照）。

磁気光学イメージングでは，磁気光学効果を発現する材料である磁性ガーネット薄膜などを磁気センサとして利用して，被検体表面に配置します。被検体を磁化すると欠陥からの漏洩磁束による磁界（漏洩磁界）で磁性ガーネットが磁化されることで，材料内の磁化の方向が変調されます。その際，磁化に応じた偏光面の回転量を検光子により光強度に変換し，CCDカメラなどによって画像化することで，画像の濃淡状況から欠陥を可視化する技術が磁気光学イメージングです。

空間分解能が磁気センサの物理的な大きさに依存しないため，高い空間分解能が得られることが特徴です。また，漏洩磁界を利用するため非接触でも試験が可能です。そして磁気現象を利用して光で2次元的に試験するため高速で，かつ，洗浄プロセスのような前後処理も不要であるため容易に試験可能な技術です。

3.1.3 磁気光学イメージングの方法

図3.3に磁気光学イメージの撮影に用いられる光学系の例を示します。光源にはハロゲンランプ，キセノンランプ，LEDやレーザ光源などが使用されます。磁気光学効果の大きさは光源の波長に依存するため，ハロゲンランプやキセノンランプのような白色光源を利用する場合は，分光器により波長を選択することが一般的です。ランダム偏光の光源を利用する場合には，偏光子を通して直線偏光に変換します。照射した光はハーフミラーを用いて磁気光学材料薄膜に入射させて，反射光をカメラで撮影します。カメラの手前にはもう一枚の偏光子（検光子と呼びます）を配置して，光源側の偏光子と検光子が直交する配置（クロスニコル）にするこ

とにより，ファラデー効果による変調量を光強度に変換することができます。

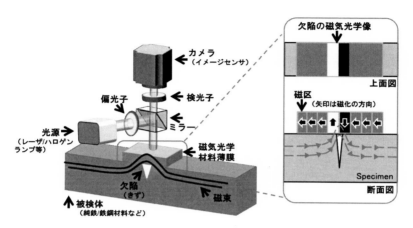

図 3.3 磁気光学イメージングの光学系の例

このとき，カメラで得られる光強度 I_{out} は，光源の強度を I_{in}，磁気光学材料薄膜の反射率を R，ファラデー回転角を θ_F とすると，式 (3.2) となります。

$$I_{\text{out}} = I_{\text{in}} \times R \times \sin^2 \theta_F \tag{3.2}$$

この式は，ファラデー回転角が光強度に変換されることを意味しており，撮影した画像の明るさからファラデー回転角の分布が得られることを示しています。なお，被検体は電磁石や永久磁石などを用いて励磁します。

式 (3.2) から，磁束が漏洩している箇所（欠陥周辺）とそうでない箇所では磁性体内での磁化の値が異なり，ファラデー回転角が磁化の値に応じて変化することがわかります。そのため，磁気光学効果を介して光強度の差（コントラスト）として画像化することで，磁気光学イメージングを非破壊試験に利用することができます。

3.1.4 磁気光学イメージングの研究事例

　具体的な実験方法は後ほど説明するとして，まずは典型的な研究事例を
紹介します。図 3.4 (a) に磁気光学イメージの撮影に用いた被検体の模式
図を示します。図 3.4 (b) はカメラで撮影した被検体表面の光学像です。
被検体は一般構造用圧延鋼材 (SS400) で中央部に幅 1.5 mm，深さ 6.0
mm の欠陥を模したスリットがあり，その両側には表面の汚れを模した
外乱として線が 2 本引いてあります。なお，被検体はネオジム磁石で励磁
しました。

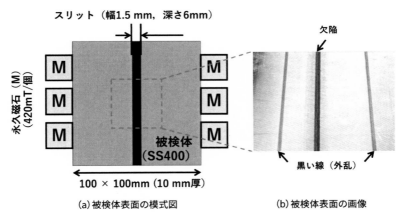

(a) 被検体表面の模式図　　　　(b) 被検体表面の画像

図 3.4　　被検体表面

　図 3.5 に撮影した磁気光学イメージ (a) とその拡大図 (b) を示します。
画像中央部の欠陥が位置する箇所に黒いライン状の欠陥の信号が見えるこ
とから，欠陥が間接的に可視化されている様子がわかります。図 3.4 (b)
の写真とは異なり，磁気光学イメージの場合は，欠陥からの漏洩磁束に
よって欠陥が可視化されます。そのため，汚れなどの情報はフィルタリン
グされて，欠陥の両側の黒い線（外乱）は可視化されません。したがっ
て，磁気光学イメージングは表面の汚れのような外乱の影響を受けにく
く，画像解析により電気信号として定量的な欠陥の評価をすることが可能
で，有用な非破壊試験方法の一つであると考えられます。

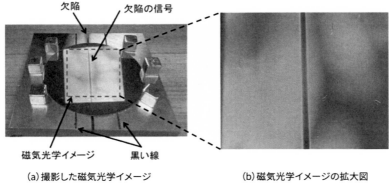

(a) 撮影した磁気光学イメージ　　　　　　　(b) 磁気光学イメージの拡大図

図 3.5　磁気光学イメージの例

3.2　磁気光学イメージングの解析事例

　磁気光学イメージングは，磁界や磁束密度などの目に見えない，かつマイクロメートルオーダの微小な現象を取り扱う技術であり，実験的な検証が難しくなります。こうした現象の場合，CAE シミュレーションを活用した解析的手法が便利です。そこで本節では，磁気光学イメージングのために行った代表的な解析の事例について紹介します。

3.2.1　磁場解析の必要性

　まずは磁気光学イメージングにおける CAE シミュレーションの必要性について，直流磁場の場合を例に説明します。図 3.6 に欠陥が複数ある場合の漏洩磁束の様子を COMSOL Multiphysics を用いてシミュレーションした結果を示します。シミュレーションでは，被検体の材料は純鉄で，開口幅 1 マイクロメートルの欠陥が 3 本存在する場合の磁束密度を解析しています。図 3.6 で，左の欠陥から順に欠陥①，欠陥②，欠陥③として説明します。

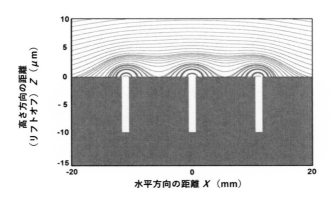

図 3.6　欠陥が複数存在する場合における磁束密度の解析結果

　図3.6の縦軸は，高さ方向の距離をマイクロメートルオーダのスケール
で示しており，この距離をリフトオフと呼びます。リフトオフが1マイク
ロメートルに満たないナノメートルオーダのときには，それぞれの欠陥か
ら漏洩した磁束はもう片方の欠陥の端部周辺に侵入している様子がわかり
ます。つまり，欠陥を個別に認識することができます。しかし，リフトオ
フが数マイクロメートルのオーダになると，欠陥①の左の欠陥端部から漏
洩した磁束は，欠陥③の右の欠陥端部に侵入しており，それぞれの欠陥の
漏洩磁界のピークを可視化することは難しく，欠陥を個別に認識すること
は困難になっています。

　図3.7に各リフトオフにおいて得られる磁気光学イメージをシミュレー
ションした結果を示します。なお，このシミュレーションは有限要素解析
によって得られた図3.6の磁束密度に基づいて光強度分布を計算した結果
です。ただし本書の趣旨からは少し外れますので，詳しい計算方法につい
ては割愛させていただきます。

　このシミュレーションからわかることは，リフトオフが0.1マイクロ
メートルのときは欠陥が明瞭に区別できますが，1.5マイクロメートルに
なると画像がぼやけてしまって個々の欠陥を区別して認識することが難し
くなるということです。したがって，マイクロメートルオーダの欠陥を明
瞭に可視化するためには，リフトオフが1マイクロメートル程度の位置で

漏洩磁束をセンシングする必要があるということがいえます。

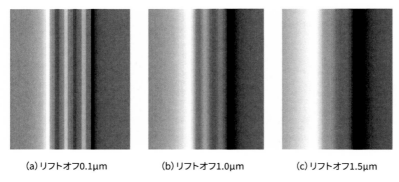

　　(a) リフトオフ0.1μm　　　　(b) リフトオフ1.0μm　　　　(c) リフトオフ1.5μm

図 3.7　各リフトオフにおける磁気光学イメージのシミュレーション結果

　これまでに述べたとおり，磁気光学イメージングと磁束密度は密接に関係しています。ここで重要なことは，実験的に計測することが非常に難しい1マイクロメートルの分解能での磁束密度の定量的な評価が，CAE シミュレーションを利用することで容易に達成できるということです。磁束密度の分布は，磁気光学イメージングに利用するセンサのサイズや厚さ，磁気特性などを設計するための重要な要素であり，CAE シミュレーションはセンサ設計のために非常に重要な情報を我々に与えてくれます。

3.2.2　交流磁場解析

　被検体が純鉄や炭素鋼のような強磁性材料の場合は，前項で述べたように直流磁場による数値解析によって磁束密度の分布が解析できます。しかし，アルミニウムや多くのステンレスのような磁石にほとんど吸着されない常磁性材料の場合は状況が異なってきます。強磁性材料の場合は自発磁化を有しており，欠陥周辺に磁極が発現するため磁束が漏洩しますが，常磁性材料の場合は磁極が現れず，直流励磁しても磁束は漏洩しません。したがって，被検体がアルミニウムのような常磁性体の場合は，永久磁石や直流コイルのような励磁はできません。

　そこで，交流磁場，特に渦電流を利用するという発想になります。導体

に渦電流を励起すると，電流に鎖交する磁界が発生します。なお，この現象を利用した代表的な非破壊試験に本書でも取り扱っている渦電流探傷試験があります（2.2節）。本項では，CAE シミュレーションを利用して渦電流励起した場合の磁界分布の特性を3次元的に解析し，表面欠陥の有無が磁界に及ぼす影響をシミュレーションした結果について紹介します。

図 3.8 (a) に渦電流を励起する場合の原理の概要を示します。

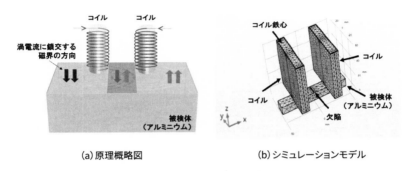

(a) 原理概略図 　　　　　　(b) シミュレーションモデル

図 3.8　シミュレーションモデルの概要

　渦電流の励起には，流れる電流が相反する方向の2つのコイルを定義しています。もし渦電流コイルを1つだけ用いて励起した場合，欠陥がない場合でも常に渦電流に鎖交した磁界が発生してしまい，欠陥がある場合と欠陥がない場合の区別が難しくなってしまうためです。

　相反する2つの渦電流コイルを用いて励起した場合，渦電流から発生する磁界も相反することになります。欠陥がない場合，図 3.8 (a) に示すように，発生する磁界が互いに打ち消し合うため，見かけ上，コイルの間には磁界は発生しません。一方，欠陥がある場合には磁界のバランスが崩れるので，欠陥の周囲にのみ磁界が生じることになり，欠陥のみを可視化することができると考えられます。

　図 3.8 (b) に COMSOL Multiphysics を用いて構築した渦電流励起の場合のシミュレーションモデルを示します。シミュレーションモデルの被検体材料はアルミニウムで，被検体表面中央部には縦5 mm，横1 mm，

101

深さ 5 mm のスリット欠陥を定義しました。その他，数値解析に用いた
各材料の物理定数は表 3.1 に示します。

表 3.1　数値解析に用いた物理定数一覧

コイル	ターン数 [回]	100
	電流 [A]	1
	周波数 [kHz]	100
	導電率 [S/m]	6×10^7
	コイル間距離 [mm]	50
コイル鉄心	比透磁率	4000
被検体	材質	アルミニウム
	電気導電率 [S/m]	1.12×10^7
	比透磁率	1
空気	比透磁率	1

　次に，図 3.9 に欠陥がない場合と欠陥がある場合における，渦電流を励
起したときの被検体表面の磁界分布を解析した結果を示します。表 3.1 に
示したとおり，被検体材料はアルミニウムです。

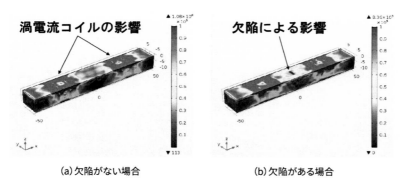

(a) 欠陥がない場合　　　　　　　(b) 欠陥がある場合

図 3.9　被検体表面の磁界分布

　図 3.9 で，欠陥の有無にかかわらず色が濃く，つまり磁界が強く表れて
いる部分が 2 箇所ありますが，これは渦電流励起コイルの真下にあたり，

渦電流により磁界が励起されているところを表しています。図 3.9 の (a) と (b) を見比べると，欠陥による影響を受けて相反する磁界のバランスが崩れているところがあることがわかります。そこで，磁気光学イメージングが可能であるかを検証するために，被検体の表面近傍の空間にも欠陥による影響が及んでいるのかを検証しました。

図 3.10 は，被検体表面から高さ方向に 1 mm 離れた空間における磁界の強度分布を示します。この結果を見ると，欠陥がある場合にのみ被検体の中央部付近（欠陥近傍）において磁界が漏洩していることがわかります。この結果から，左右のコイルの同期がとれていることで，欠陥が存在しない場合には磁界は漏洩せず，欠陥がある場合にのみ欠陥近傍で磁界が漏洩することがシミュレーション的に実証されました。

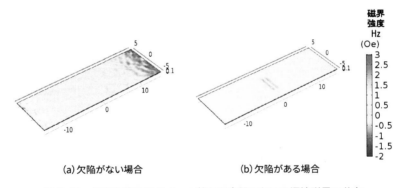

(a)欠陥がない場合　　　(b)欠陥がある場合

図 3.10　被検体表面から 1mm 離れた空間における漏洩磁界の分布

　通常の渦電流試験の場合には，渦電流により鎖交した磁界の変化量をブリッジ回路などによって電流や電圧に変換して検出します。しかし，磁気光学イメージングの場合は，磁界の変化量ではなく，磁界そのものを可視化するため，欠陥が存在しない場合には表面に磁界が現れない方が有利です。したがって，相反する 2 つの励起コイルを用いて渦電流を励起することで，渦電流から発生する磁界を打ち消し，欠陥がある場合にのみ磁界を発生させる方法が磁気光学イメージングには有効であることが示されました。

　このように有限要素解析により被検体から任意の位置の空間における漏洩磁界強度を"見える化"することが可能です。磁界はベクトル量であり，方向に依存して強度が変化します。有限要素解析では，x，y，z のそれぞれの方向成分を独立させて直ちに出力し，解析することが可能です。なお，図 3.10 は磁気光学イメージングに寄与する成分である z 軸方向の磁界の強度を表しています。

　このように，ミリメートル以下のオーダの空間分解能で，それぞれの方向成分で独立した漏洩磁界分布を各種センサで実験的に"見える化"することは極めて難しく，どのような磁気光学イメージが得られるのかを予想する場合において，有限要素解析は極めて有用であることがわかります。

3.2.3　漏洩磁界強度の数値解析

　いくつかの物理量をパラメータとして漏洩磁界強度を定量的に解析した結果について紹介します。

　図 3.11 (a) は，横軸をコイルに流れる渦電流の大きさ，縦軸を漏洩磁界強度としてプロットした漏洩磁界強度の電流依存性を示した結果です。また，図 3.11 (b) は横軸を渦電流コイルの巻き数，縦軸を漏洩磁界強度としてプロットした漏洩磁界強度のコイル巻き数依存性を示した結果です。

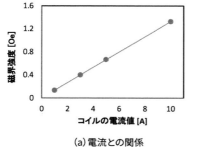
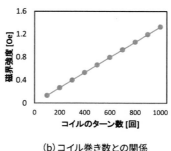

(a) 電流との関係　　　　　　　　(b) コイル巻き数との関係

図 3.11　漏洩磁界強度の解析結果

　いずれの場合においても，磁界強度は比例関係にあることがわかります。これらの結果は，有限要素解析をするまでもなく電磁気学の理論から

予想できる結果だと考える読者の方もおられるかもしれません。しかし，電磁気学の理論から計算される結果は，ある一点のみの結果です。線形性がある場合にはそれほど問題ありませんが，非線形の場合に任意の位置での磁界強度を求めるためには一つ一つ計算する必要があります。

　ここで重要なことは，有限要素解析によるシミュレーションの場合，モデル中の任意の位置における磁界強度を 3 次元的な分布でつぶさに見ることができる点にあります。磁気光学イメージングで磁界センサとなる磁気光学薄膜の膜厚や設置する位置，磁気特性などを設計する場合，空間的な磁界分布が“見える化”されていることが極めて重要で，有限要素解析はセンサ設計する場合において重要な指針を与えてくれます。さらには，被検体を励磁する条件についても，磁気光学センサの磁気特性を念頭に置いて，漏洩磁界強度分布の取得を前提とした CAE シミュレーションを行うことによって，最適化をスムーズに進めることが可能になります。

　図 3.12 (a) は，横軸を被検体表面からの高さ方向の距離（リフトオフ），縦軸を漏洩磁界強度としてプロットした結果です。リフトオフに対してほぼ線形的に磁界強度が減少することがわかります。一方，図 3.12 (b) は，横軸を渦電流コイルに流した電流の周波数，縦軸を漏洩磁界強度としてプロットした漏洩磁界強度の周波数依存性を示した結果です。

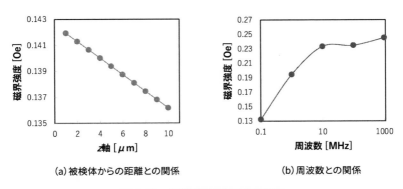

(a) 被検体からの距離との関係　　　(b) 周波数との関係

図 3.12　漏洩磁界強度の解析結果

　図 3.12 (b) によると，10 MHz 程度のところで漏洩磁界強度は飽和し，

それ以上周波数を高くしても，ほぼ横ばいの傾向を示しました。周波数が高くなるにつれて磁界強度が上昇するように思われますが，無限大にはならず，ある程度のところで飽和する傾向を示すことは物理的には予想できる結果です。

　周波数と磁界強度の関係を詳しく調べるために，いくつかの条件を変更して磁界強度をシミュレーションしました。図 3.13 はリフトオフに応じた磁界強度の周波数依存性を解析した結果です。図 3.13 (a) はリフトオフが 0.2 mm のとき，(b) はリフトオフが 0.5 mm のときの結果を示しています。

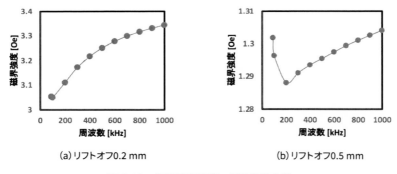

(a) リフトオフ 0.2 mm　　　　　(b) リフトオフ 0.5 mm

図 3.13　漏洩磁界強度の周波数依存性

　リフトオフが 0.2 mm のときは周波数に応じて磁界強度が対数関数的に自然に上昇し，ある程度の周波数で飽和する傾向を示しています。ところがリフトオフが 0.5 mm のときは 200 kHz 付近まで磁界強度が減少し，その後，周波数に応じて上昇する傾向を示しました。この磁界強度の減少は予想に反するものであり，なぜ磁界強度が一度減少するのかを有限要素解析で明らかにすることにしました。

　図 3.14 は周波数に応じた渦電流の浸透深さを，図 3.8 (b) のシミュレーションモデルにおける x - z 平面上 (y = 0) に 2 次元的に描写した結果です。図 3.14 (a) は励起する周波数が 90 kHz の場合で，(b) は励起する周波数が 800 kHz の場合です。

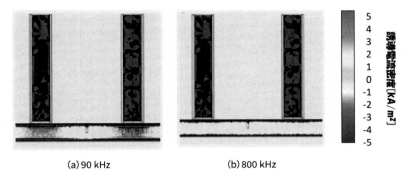

図 3.14　周波数に応じた渦電流の浸透深さを 2 次元的に描写した結果

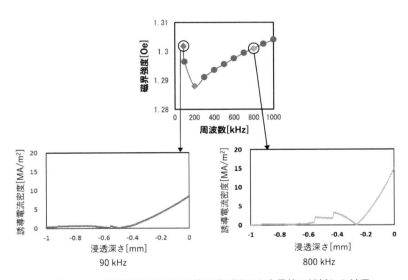

図 3.15　周波数に応じた渦電流の浸透深さを定量的に解析した結果

　図 3.15 には，誘導される渦電流の密度を数値データとして定量的に解析した結果を示します。図 3.15 の横軸は被検体の表面から内部への距離，すなわち，渦電流が浸透している深さを示しています。なお，表面を原点にして内部への深さ方向をマイナスとして示します。図 3.15 から，周波数が高くなるにつれて渦電流の浸透深さが浅くなっていることがわかりま

す。これは，表皮効果と呼ばれる現象が原因であると考えられます。表皮効果とは，電流の周波数が高くなると電流が導体の表面に集中し，電流密度が表面近傍で高くなる現象です。図 3.14 (a) の 90 kHz の分布を見ると分かるとおり，表皮効果の影響で渦電流が表面近傍に集中して分布します。渦電流が表面に集中するということは，欠陥の深さ方向の影響が小さくなり，あたかも欠陥が浅くなったかのように見えることで，これが原因で磁界強度が減少したのだと予想されました。一方，800 kHz ではさらに表面近傍に磁界強度が集中するため，その結果，渦電流密度が高くなり磁界強度が上昇したものと予想されました。

このように CAE シミュレーションを用いることにより，予想される結果に反するような場合においても，その原因や条件を特定することが可能であり，重要で興味深い結果を得ることができます。

ここまでは渦電流の励起周波数を代表として，いくつかの物理パラメータを変化させたときの影響について紹介しました。次は物理パラメータを固定して，欠陥の位置がコイルから相対的に変化した場合の影響を解析した結果について紹介します。解析の目的は，実際の検査を想定したときに，欠陥がちょうど中心に位置する場合というのは極めて稀なケースだと考えられるため，欠陥の位置が中心からずれた場合においても検出可能かを検証することです。

図 3.16 にシミュレーションモデルを示します。欠陥が中央に位置する場合を原点 (0 mm) として，右 (+) 方向に 15 mm，左 (−) 方向に 15 mm 欠陥の位置がずれた場合のモデルを構築しました。

図 3.17 にシミュレーション結果を示します。欠陥が中央に存在する場合には，互いの磁界が打ち消し合うことで磁界はほとんど漏洩しないことが分かりました。一方で欠陥がどちらかのコイルに近づいた場合，すなわち欠陥の位置が中央からずれた場合には磁界は打ち消されることなく，強い磁界が漏洩する様子が分かりました。したがって，磁気光学イメージングを行う場合には欠陥と励磁源との相対的な位置関係が重要なファクタになることがわかりました。現在はその他の条件について詳細な調査を行っているところです。

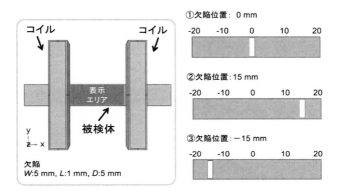

図 3.16　欠陥とコイルの相対的な位置変化の影響を解析するためのモデル

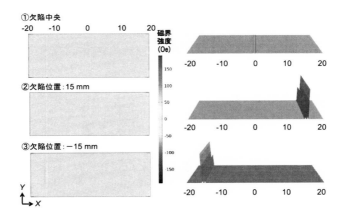

図 3.17　コイルからの相対的な位置の変化に対する影響を解析した結果

3.3　磁気光学イメージングの実験事例

　本節では，磁気光学イメージングのために行った代表的な実験事例について紹介します。ここでは，これまでに述べてきた CAE シミュレーションによる解析結果を，実験的に検証可能なかたちに落とし込んで原理実証を試みた結果についてご紹介します。なお，複雑な電気回路や専門知識を

109

できるだけ必要とせず，比較的現象の理解が容易である点に着目し，直流
磁界に関する現象を取り上げて説明します。

3.3.1　磁気光学イメージの撮影について

　現在，様々な物理現象を利用した非破壊試験を実施することにより，構
造物の欠陥を早期に発見し，我々の生活の安全を維持するための研究が進
められています。本節では，鉄鋼材料における非破壊試験手法として磁気
光学イメージングについて着目し，スマートフォンを利用して鉄鋼材料表
面のきずを可視化した結果について紹介します。

　磁気光学イメージングによる非破壊試験は，大きな磁気光学効果を発現
する材料を薄膜化して，漏洩磁界センサとして被検体の表面に配置するこ
とで欠陥を可視化する手法です。磁気光学材料としては，従来からイット
リウム鉄ガーネットが利用されてきました。本節では，これまでの我々の
研究成果に基づき，可視光域において大きな磁気光学効果と高い透光性を
示すことで知られているビスマス置換型イットリウム鉄ガーネットを利用
した磁気光学イメージングについて紹介します。

3.3.2　磁気光学薄膜と磁気異方性について

　磁気光学素子の材料として本研究では，ビスマス置換型イットリウム鉄
ガーネット（MO (Magneto Optical) イメージングプレート/株式会社
オフダイアゴナル；反射膜有，Φ75）を利用しました。この MO イメー
ジングプレートには，磁化容易軸の方向により下記の 2 種類のタイプがあ
ります。

① 　低残留タイプ（面内磁化膜）
② 　高残留タイプ（垂直磁化膜）

　ここで注意しなければならないのは磁気異方性の存在です [3, 4]。磁気
異方性とは，材料を磁化する際に，外部から印加する磁界の方向によって
磁化の現れ方が異なる現象のことです。つまり強磁性材料には，容易に磁
化される方向（磁化容易軸）と磁化されにくい方向（磁化困難軸）が存在
するということです。磁化容易軸を面内方向，つまり被検体表面と平行

方向に有する強磁性薄膜を面内磁化膜といいます。今回使用した MO イメージングプレートでは，「低残留タイプ」がそれに該当します。

次に，磁化容易軸を垂直方向に有する強磁性薄膜を垂直磁化膜といいます。今回使用した MO イメージングプレートでは，「高残留タイプ」がそれに該当します。前節で述べたとおり，ファラデー回転角は光の進行方向と平行な方向の磁化の大きさに比例して大きくなります。磁気光学イメージングの場合，光を MO イメージングプレートに対して垂直に近い角度から照射することになります。したがって，欠陥近傍に漏洩する磁界の垂直方向成分を検出することになり，垂直磁化膜の方が磁界に対する感度が高いということになります。

一方，面内磁化膜は垂直方向の磁界に対して磁化困難軸になるため漏洩磁界に対する感度は低下します。しかし，垂直磁化膜の磁化の大きさがアップとダウンの 2 つの値をとるのに対して，面内磁化膜は磁化の大きさが磁界に対して連続的な値をとります。したがって，漏洩磁界に対して磁気飽和されにくく，また，ほぼ線形に磁化されるため，漏洩磁界の強度をリニアに評価することに優れています。つまり，低残留タイプの MO イメージングプレートは，漏洩磁界の大きさの評価や欠陥深さの評価には有用な材料であると期待されます。

3.3.3　実験方法および実験結果

図 3.18 (a) に磁気光学イメージの撮影に利用した光学系の構成を示します。光源には白色の LED パネルを利用して，偏光フィルムを通して直線偏光に変換します。被検体に照射された光は MO イメージングプレートの反射膜で反射されて，スマートフォンのレンズに取り付けられた検光子を通過します。ファラデー回転角は検光子を通過する際に光強度に変換されます。最後にスマートフォンに搭載されている CMOS カメラにより磁気光学イメージとして撮影される仕組みです。

図 3.18 (b) に被検体表面の模式図を示します。被検体は板厚が 10 mm で一辺が 100 mm の正方形をしており，その中央に欠陥を模して幅 0.5 mm，深さ 6.0 mm のスリットを設けました。スリットの両側にはノイズ源として黒インクで 2 本の線を引いています。被検体の励磁には 1 個

111

当たり 0.42 T のネオジム磁石を利用して，磁石の数により印加磁界の強度を制御しています。

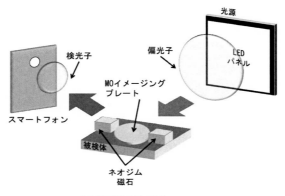

(a) 光学系の構成 [4]

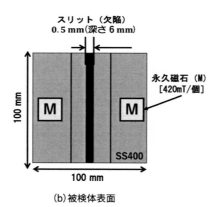

(b) 被検体表面

図 3.18　実験方法の概略図

　図 3.19 に MO イメージングプレートを通さず，スマートフォンのカメラにより直接撮影した画像を示します。図 3.19 で中央に見える黒いラインが欠陥です。当然ですが，カメラの画像ではスリットの左右にノイズ源として引いた 2 本の線も鮮明に映っています。また，被検体表面の汚れや影，軽微な凹凸なども鮮明に撮影されることになります。

　つまり，スマートフォンのカメラでそのまま撮影した場合，汚れや凹凸

といった欠陥以外の情報も可視化されるため，それらがノイズとなり欠陥の判別や第4章にて後述する人工知能による欠陥の自動判別が困難になります。

欠陥

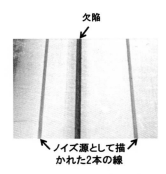

ノイズ源として描
かれた2本の線

図 3.19　スマートフォンのカメラで撮影した光学像 [4]

図3.20に低残留タイプの MO イメージングプレートにより撮影した磁気光学イメージを示します。磁気光学イメージの場合では，MO イメージングプレート表面の欠陥の位置に該当する箇所において明暗のコントラストにより欠陥が可視化されています。磁気光学イメージの場合は欠陥から漏洩する磁界が可視化されるため，被検体表面の汚れなどの情報はフィルタリングされます。つまり，磁気光学イメージングは，欠陥の信号のみを可視化することができるため，非破壊試験において有用であり，欠陥の見逃しの防止や欠陥とノイズとの区別が容易であることが示唆されています。

図 3.20　低残留タイプの MO イメージングプレートによる磁気光学イメージ

113

3.3.4　磁気異方性の影響

　高残留タイプの MO イメージングプレートを用いて図 3.18 に示す被検体を撮影した磁気光学イメージを図 3.21 に示します。図 3.21 (a) から，高残留タイプの場合は欠陥から漏洩する垂直方向の磁界に対する感度が高いため，低残留タイプの場合より高コントラストで鮮明に可視化されていることがわかります。ところが，高残留タイプによる磁気光学イメージには，図 3.21 (b) に破線で示したようにスリットの他にも暗い影のようなノイズが確認できます。これは，垂直磁化膜の磁区による影響です。

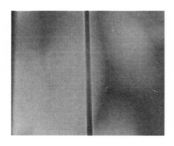

(a) 撮影したそのままの画像[4]

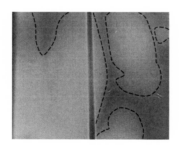

(b) 磁区の様子

図 3.21　高残留タイプの MO イメージングプレートによる磁気光学イメージ

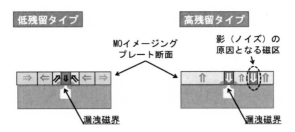

図 3.22　MO イメージングプレートの磁化過程の模式図

　図 3.22 に面内磁化膜と垂直磁化膜のそれぞれの磁化過程を表した模式図を示します。図 3.22 で，磁区の中の矢印の方向は材料内の磁化の方向を示しており，四角く区切られたエリアは磁区を表しています。低残留タイプの場合は磁化の方向は面内を向いているため，磁区の情報は磁気光学イメージには明暗のコントラストとしては現れません。

　一方，高残留タイプの場合は磁化の方向が垂直方向を向いているため，光の進行方向と平行な垂直方向の磁化が残留磁化として残ります（図3.22 の破線部）。この磁区は欠陥と同じ明暗のコントラストで磁気光学イメージとして撮影されてしまいます。そのため，図 3.21 の高残留タイプの磁気光学イメージには，MO イメージングプレートの磁区が暗い影のようなノイズとして現れたと考えられます。

　高残留タイプで残留磁化の影響をできるだけ少なくするためには，撮影するごとに MO イメージングプレートの磁化の方向を揃えておくか，あるいは消磁が必要です。このため低残留タイプの方が，検出の感度では劣りますが，ノイズが低く，操作性においては優れているということがいえます。

　このように低残留タイプと高残留タイプでそれぞれに一長一短があり，一概にどちらかの MO イメージングプレートの方が優れているということを結論付けることはできません。非破壊試験の目的や用途によってMO イメージングプレートの磁気異方性を使い分けることが重要であると考えられます。

115

3.4　磁性フォトニック結晶と磁気光学イメージング

　本節では磁性フォトニック結晶 (MPC: Magnetophotonic crystal) と呼ばれる人工的に周期配列された磁気格子を利用した磁気光学イメージングについてご紹介します。MPC は，ナノスケールオーダの光学薄膜中に光を閉じ込めることで，光の共振現象により磁気光学イメージの光強度を改善することができます。ここでは CAE シミュレーションを活用した理論的な構造解析方法から，代表的な実験結果までをご紹介します。

3.4.1　磁性フォトニック結晶を利用する目的

　磁気光学イメージングでは，ファラデー回転角がイメージの明るさやコントラストに変換されることは先に述べたとおりです。3.1.1 項の式 (3.1) によれば，磁気光学イメージをより明るく，高コントラストにするためにはファラデー回転角を大きくすることが有効であり，そのためには磁性体中を光が進行した距離を長くする，すなわち磁性膜の厚膜化が必要です。

　ところが，磁性膜の膜厚を厚くすることは，非破壊試験の検査対象表面から離れていくことを意味しており，漏洩磁界の減少や光透過率の低下を招きます。したがって，磁気光学イメージングによる非破壊試験の場合，高感度に欠陥を検知するためには，薄膜で大きなファラデー回転角を有する磁気光学薄膜が必要になります。

　本節では，厚膜化によるファラデー回転角のエンハンス（増大）と検出感度の低下のトレードオフ関係を回避する方法として，薄膜で大きなファラデー回転角を発現することができる多層膜構造体である MPC [5] に着目し，磁気光学イメージングに応用した例を紹介します。

3.4.2　磁性フォトニック結晶

　MPC はフォトニック結晶の周期構造の一部を磁性体で置き換えたもので，磁気光学材料による層と，屈折率の異なる 2 種類の誘電体材料を光の波長オーダの周期で組み合わせた人工結晶です。図 3.23 に各種フォトニック結晶の構造を示します。図 3.23 で色の違いは屈折率の違いを表し

ており，矢印は周期の方向を示しています。

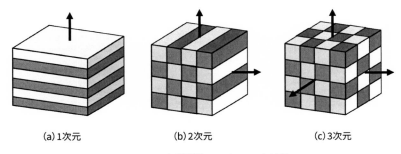

(a) 1次元   (b) 2次元   (c) 3次元

図 3.23　各種磁性フォトニック結晶

　矢印で示したとおり，屈折率が周期的に変化する方向の数によって，1
次元，2次元，3次元の MPC を考えることができます。フォトニック結
晶は，特定の波長帯において光が伝搬しないフォトニックバンドギャップ
を示します。つまり，誘電体膜のそれぞれの界面で光が反射し，フォト
ニックバンドギャップでは多重反射した光が位相干渉することによって互
いに打ち消し合うことで光が伝搬しない帯域が現れます。その帯域はフォ
トニック結晶を構成する誘電体の周期性や構造，屈折率などによって決定
されます。

　また，フォトニック結晶の周期構造に意図的な乱れ（光局在層）をもた
せることで，この光局在層によりフォトニックバンドギャップ中に特定の
波長の光が透過する局在ピークを発現させることができます。その様子を
図 3.24 に示します。磁気光学イメージングにおいて重要なことは，誘電
体多層膜中に磁気光学材料の光局在層を挿入した 1 次元 MPC が，フォト
ニックバンドギャップ中の局在モードにおいて高い光透過率と大きな磁気
光学効果を示すことです [6]。

　我々の研究では，誘電体多層膜の低屈折材料として二酸化ケイ素
(SiO_2)，高屈折材料として五酸化タンタル (Ta_2O_5) を使用しました。ま
た磁気光学材料としては，ビスマス置換型イットリウム鉄ガーネット
(Bi:YIG) を利用しました。MPC の構造は光が入射する方向から，反

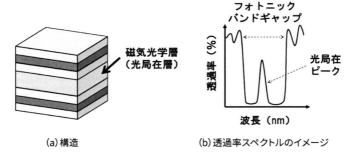

(a) 構造　　　　　　　　(b) 透過率スペクトルのイメージ

図 3.24　　1 次元磁性フォトニック結晶

射防止層/単結晶基板/【Ta_2O_5/SiO_2】2 ペア/Bi:YIG（光局在層）/【SiO_2/Ta_2O_5】4 ペア（ミラー層）となっています [7]。

　本節で取り扱う 1 次元 MPC の構造を図示したものを図 3.25 (a) に示します。構造の決定方法については次節で紹介します。反射防止層と誘電体多層膜はフォトニックバンドギャップの中心の設計波長が 532 nm になるように，電子ビーム蒸着法で成膜しました。一方，Bi:YIG 層は高周波イオンビームスパッタリングで成膜しました。反射防止層側から入射した光は Bi:YIG 層に局在し，ミラー層で反射して再び反射防止層側から出射する反射型の MPC となっています。

　作製した MPC の反射率スペクトルを図 3.25 (b) に示します。波長 546 nm において局在ピークが観測されました。設計波長の 532 nm からのずれはスパッタ時の物理的な膜厚の誤差によるものだと考えられますが，基本的には問題ない程度のずれでした。

　図 3.25 (c) にファラデー回転角スペクトルを示します。反射率スペクトルと同様に，波長 546 nm において局在ピークを示し，局在ピークの波長にてファラデー回転角の増大が確認できます。

　局在波長において，MPC にヘルムホルツコイルにより外部磁界を印加してファラデー回転角の印加磁界に対する依存性を測定しました。その結果を図 3.25 (d) に示します。図 3.25 (d) のような強磁性体特有の曲線を履歴曲線（ヒステリシスループ）といいます。同条件で測定した同じ膜厚の Bi:YIG の単層膜 (Mono layer) と比較した結果，MPC のファラデー

回転角は-17 deg. であり，単層膜と比較して10倍程度のファラデー回転角が得られました。この結果から，MPCは薄い膜厚で大きなファラデー回転角を得ることにおいて有効であり，磁気光学イメージング用のセンサ素子として非常に有望であることがわかりました。

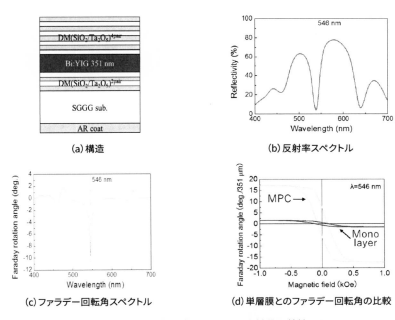

(a) 構造　　　　　　　　　　(b) 反射率スペクトル

(c) ファラデー回転角スペクトル　　(d) 単層膜とのファラデー回転角の比較

図 3.25　作製した磁性フォトニック結晶の特性 [7]

3.4.3　磁性フォトニック結晶の設計

　ここでは磁気光学イメージングのためのMPCの設計方法についてご紹介します。MPC構造における光の振る舞いを解析するには伝達マトリックス法 (TMM: Transfer Matrix Method) が有効です。マトリックス・アプローチ法は磁気光学材料からなる構造物のTMMを指します。またTMMは1次元の構造物であれば簡単に短い時間で高い精度のシミュレーションができるという利点があります。ここでは詳しい計算手法については述べませんが，以降のMPCの光学特性シミュレーションには

TMM 法を用いました。

　シミュレーションに用いた屈折率と吸収係数については，MPC 作製と同条件で成膜した材料から実験的に計測した値に基づいて決定しました。シミュレーションに用いた MPC の基本構造を図 3.26 に示します。基板側から入射した光は，反対側の誘電体多層膜で反射されます。そのために基板側の誘電体多層膜に比べて 2 倍のペア数に設計されています。なお，入射側に対して反射側のペア数を 2 倍に設計することは反射型の MPC を設計するうえで一般的なやり方です。

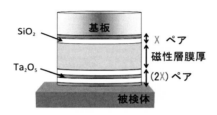

図 3.26　シミュレーションに用いた MPC の基本構造

　MPC は単層膜と異なり，誘電体多層膜のペア数を増やすことでファラデー回転角を大きくすることが可能です。しかし，誘電体多層膜の存在によって磁性層の位置が被検体から離れてしまいます。この被検体と磁性層の間の距離をリフトオフといいます。リフトオフが大きくなると，検出すべき欠陥からの距離が大きくなるため，漏洩磁界が減少してしまい検出が難しくなります。なお，基板側の誘電体多層膜のペア数 (X) が 1 ペアの場合，磁性膜は試験体から 300 nm 離れた位置に存在することになります。

　漏洩磁界の距離に応じた減衰を考慮すると，開口幅 25 μm の欠陥を可視化するためには，リフトオフは 1 ミクロン程度に抑える必要があります（図 3.7 参照）。誘電体多層膜のペア数を変数として，得られる光強度を算出した結果を図 3.27 に示します。

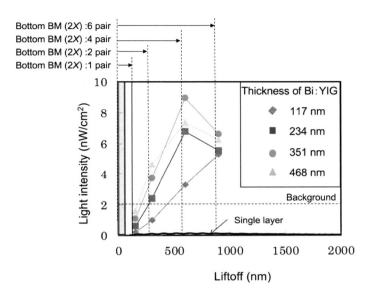

図 3.27　誘電体多層膜のペア数を変数として光強度を算出した結果 [4]

　ペア数が少ない X = 1 では，光の局在効果が小さく，得られる光強度も小さくなります。磁性層については，膜厚が厚くなるほどファラデー回転角が大きくなります。しかし，膜厚が 234 nm 以上になると，ペア数が多い X = 3 からは磁性層での光吸収が大きくなるため光強度が減少傾向を示し，結局，得られる光強度は小さくなりました。磁性層の膜厚が 117 nm の場合はペア数の増加に伴い光強度が増加傾向を示していますが，そもそも得られるファラデー回転角が小さく，効果的ではありません。試験体からの距離と材料の光吸収や誘電体多層膜のペア数の関係から，最も得られる光強度が高かった構造は X = 2 (4pair) であることが示されました。

　次に，MPC に用いる磁性層の膜厚を決定しました。MPC の局在層として挿入される磁性層の膜厚は，光の波長と屈折率によって決まる離散的な値をとります。膜厚を厚くすると光の進行距離に比例してファラデー回転角は大きくなりますが，被検体表面から離れてしまうため，磁性層が十分に磁気飽和するまで磁化されないと予想できます。つまり磁性層の膜厚

とリフトオフのバランスが重要です。

　図 3.27 の結果から，磁性層の膜厚が 351 nm で基板側の誘電体多層膜のペア数 (X) は X = 2 (4pair) のときに最も大きな光強度が得られることが CAE シミュレーションにより理論的に示されました。

3.4.4　磁性フォトニック結晶の利用

　ここでは作製した MPC を利用して得られる磁気光学イメージの空間分解能について紹介します。本節では，撮影した磁気光学イメージから目視で明瞭に欠陥が認識できることを空間分解能として表現します。ここでは，炭素鋼材料を被検体として表面に開口幅約 25 マイクロメートルの引っ掻ききずをつけて欠陥として，磁気光学イメージングで可視化することで，欠陥が可視化できるか評価しました。この開口幅 25 マイクロメートルは，原子炉の目視検査に利用される空間分解能である 1 mil [8] を基に設定しました。

　図 3.28 に磁気光学イメージ取得に用いた偏光分光顕微鏡の光学系およびその周辺機器の配置を示します。キセノンランプを光源に用いて，分光器により波長 546 nm に設定しました。この光源は直線偏光ではありませんので，偏光子を通過させることにより直線偏光に変換して，ハーフミラーを用いて対象物表面に照射しました。反射光を検光子に通して CCD カメラにより磁気光学イメージを撮影しました。なお，CCD カメラの露光時間は 500 ミリ秒に設定，偏光子と検光子はクロスニコル配置になっています。また，対物レンズの倍率は 4 倍としました。

　図 3.29 (a) に被検体表面の光学イメージを示します。矢印で示す位置に引っ掻ききずが 2 本確認できます。また，図 3.29 (b) に作製した MPC を利用して取得した磁気光学イメージを示します。光学イメージの場合は表面の反射や凹凸などがノイズ源となっているのに対して，磁気光学イメージの方が 2 本の欠陥が明瞭に可視化できていることがわかりました。

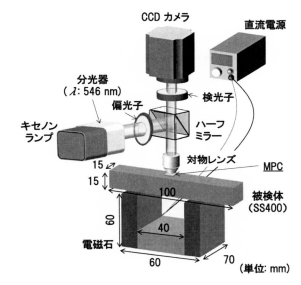

図 3.28　磁気光学イメージング光学系

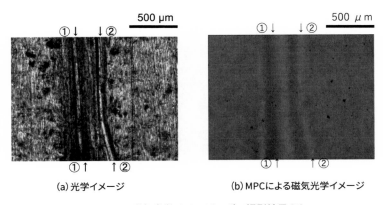

(a) 光学イメージ　　　　　　　　　(b) MPCによる磁気光学イメージ

図 3.29　磁気光学イメージングの撮影結果 [7]

　次に MPC を用いて欠陥の深さを評価した結果について紹介します
[9]。先ほど紹介した引っ掻ききずは形状や深さなどが制御されていませ
んでした。そこで，開口幅と深さが制御された欠陥を施工しました。被

123

検体として縦 15 mm，横 100 mm，厚さ 15 mm の一般構造用圧延鋼材
(SS400) を使用して，ドリル加工により表面中央に円柱状の欠陥を設けま
した（図 3.30）。円柱欠陥の形状は直径が 1 mm で，その深さが 1 mm
から 10 mm まで 1 mm ずつ異なる被検体を 10 片作製しました。なお本
被検体は，目視試験等に一般に利用される非破壊試験における標準試験片
を参考に作製しました。被検体表面の様子を撮影した光学イメージを図
3.31 に示します。

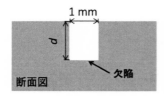 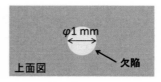

図 3.30　被検体と表面に施した欠陥の模式図

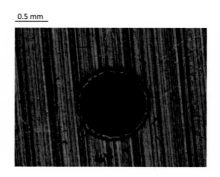

図 3.31　被検体表面の様子（中央に円柱状の欠陥）

　図 3.32 に，深さ 1 mm の欠陥を撮影した磁気光学イメージを示します。
図からわかるように，磁気光学イメージには欠陥の情報の他に，MPC 表
面の汚れや光源の強度分布，あるいはレンズや偏光子など光学系内に存在
する汚れなどによるノイズがイメージ内に現れます。図中に散見される黒
い点などがそれに該当します。

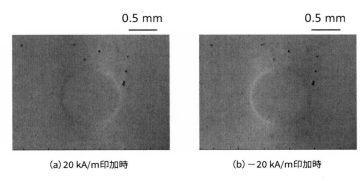

図 3.32 直径 1 mm，深さ 1 mm の円柱欠陥の磁気光学イメージ

　これらのノイズは，磁気光学イメージングの特徴を活用することにより消去することが可能です。つまり，ファラデー効果による偏光面の回転の方向が，磁化の向きに依存していることを利用すればよいのです。

　印加する磁界の向きを反転させると，MPC 内の磁性層の磁化の方向も反転します。さらに，磁化の反転に伴ってファラデー回転角の回転方向が反転するため，検光子の角度をクロスニコル配置から 20° 程度ずらすことで，磁気光学イメージングを行った際，検光子を通過した光の明暗が反転します。その原理を図 3.33 に示します。なお，完全なクロスニコル配置の場合は，ファラデー回転の方向に関係なく光強度は同じ値になります。一方，光源の強度分布やその他のノイズによる明暗情報は印加磁界方向に依存しません。したがって，印加磁界方向の異なる 2 枚の磁気光学イメージを減算処理して絶対値表示することで，両画像の光強度が異なる箇所，すなわち欠陥による情報のみを可視化することができます。

　図 3.32 (b) に印加磁界方向を反転したときの磁気光学イメージを示します。磁界印加方向は図 3.32 (a) のときを正としました。この 2 枚の画像を見比べると，欠陥による信号の明暗が左右で入れ替わっていることがわかります。その他の情報には変化がありません。

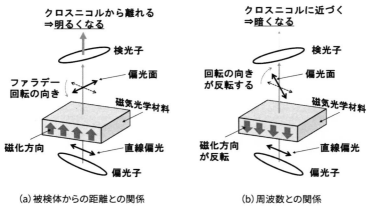

（a）被検体からの距離との関係　　　　　　　　（b）周波数との関係

図 3.33　磁化の方向とファラデー回転の方向の関係

　そこで，図 3.32 の 2 つのイメージを画像処理して差分をとり，絶対値表示した磁気光学イメージを図 3.34 に示します。画像処理を施すことで，欠陥以外の情報は理論的には完全に消去され，欠陥の情報のみを取り出すことができます。以降，本項で述べる欠陥の深さ評価については，すべてこの画像処理を施して実施しました。

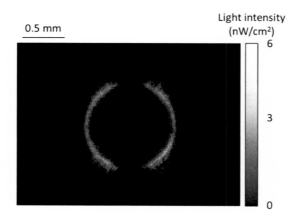

図 3.34　画像処理を施した磁気光学イメージ [9]

　図 3.35 に，図 3.34 の磁気光学イメージの欠陥中央部付近の光強度を 1 次元的に取り出してプロットした結果を示します。図 3.35 においてプロットした波形のピークの半値幅は 50 マイクロメートル程度であり，ピーク先端部の幅は 2 マイクロメートル程度でした。これは CAE シミュレーションにより解析された漏洩磁界分布と概ね一致しており，漏洩磁界の分布を精度よく可視化できていることが示唆されました。そこで MPC を用いた磁気光学イメージの光強度のピーク値を比較することにより，欠陥深さ 1 mm から 10 mm までの深さ評価を実施しました。

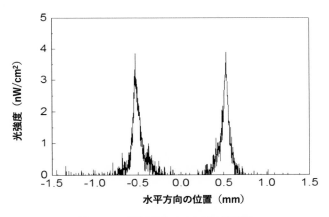

図 3.35　磁気光学イメージの光強度

　欠陥深さと磁気光学イメージから取得した光強度の最大値の関係を図 3.36 に四角いプロットで示します。図中に示すエラーバーは，測定回数 10 回の標準偏差を表しています。なお，実線は理論的に得られる磁気光学イメージの光強度を示しています。理論値としては，CAE シミュレーションにより漏洩する磁界強度分布を解析して，実験で取得した MPC のファラデー回転角ヒステリシスループの磁界強度に解析値を当てはめることで，得られた磁界ごとのファラデー回転角を利用して光強度を算出しました。光強度の計算は 3.1.1 項の式 (3.2) を利用しています。

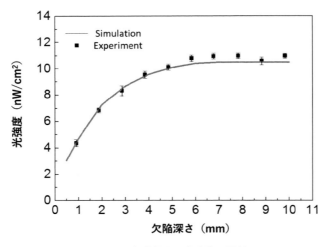

図 3.36　欠陥深さと光強度の関係

図 3.36 より，実験結果と理論値は概ね一致していることがわかります。しかし，いずれの結果においても欠陥深さが 5 mm 以上になると光強度が飽和しています。これは，深さ 5 mm 以上の欠陥から漏洩する磁界が，MPC の飽和磁界を上回ったためであると考えられます。

磁気光学イメージの明るさには上限があり，MPC の磁化が飽和するとファラデー回転角も飽和するため，それ以上に磁界強度が強くなったとしても光強度は変化しなくなります。漏洩磁界が MPC の飽和磁界に達した場合は，印加磁界を抑制して飽和磁界以下になるようにコントロールすることで，光強度の飽和を回避することができます。

3.5　フレキシブル磁性ガーネット膜の形成

本節では，インフラ構造物や自動車業界，発電プラントなど様々な金属構造物におけるスマート保安保全の高度化を目的に，これまでの磁気光学イメージングに関する技術シーズを活用し，フレキシブルに湾曲する磁気光学材料薄膜の開発に関する取り組みを紹介します。この成果は，国立

研究開発法人新エネルギー・産業技術総合開発機構 (NEDO) の助成事業 (JPNP20004) により得られたものです。

3.5.1 磁気光学イメージングの目的および用途

　現在，様々な業種において金属表面の非破壊試験による保安保全事業の必要性が拡大しています。例えば，2024 年には高度経済成長期に建築された全国約 70 万橋ある道路橋のうち，43 ％もの橋梁が建築後 50 年を経過することが想定されています。こうしたインフラ構造物の保守点検には，全国規模で計画的な非破壊試験を実施する必要があり，構造物を支える鉄鋼材料の疲労や老朽化などの状況を正確に把握することで健全性を保つことができると述べられています。

　また，IoT: Internet of Things 化や人工知能 (AI: Artificial Intelligence) の導入などによるスマート化事業への近年の投資や発展は目覚ましく，非破壊試験のスマート化導入により検査の高精度化，効率化が望まれています。こうした技術の導入により，全国規模での非破壊試験の実施や，全国規模で集められたビッグデータ的な試験データの効率的な収集や解析が可能になります。

　経済産業省のスマート保安の推進に関する取り組みでは，重要インフラ事業者が抱える課題として，設備の老朽化と検査負担の増大が述べられています。例えば，検査の不備により発生した事故の原因には，ベテラン人材の不足，増える検査負担に対応する人員を確保できていない，人材の知識・経験不足による不適切な対応などが増加していることが考えられ，こうした人材不足の加速は 2030 年にピークを迎えると述べられています。

　そこで，本節では，磁気光学イメージング法を応用した新たな電磁気非破壊試験法を開発し，非破壊検査の高精度化かつ少人化の実現を目指した取り組みについて紹介します。図 3.37 に本研究開発が目指す電磁気非破壊試験法の出口イメージを示します。橋梁やプラントといった曲面を有する金属部品の損傷を，磁気光学イメージング法を利用して画像として取得して，将来的にはワイヤレス通信でデータの送信や監視することによって，高精度化かつ少人化を実現し，スマート保全サービスを社会に実装することを目指しています。

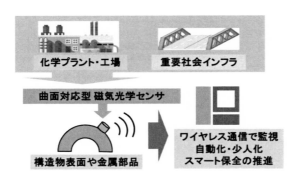

図 3.37　本研究の成果を活用して目指す産業の出口イメージ

3.5.2　フレキシブル化の課題と解決方法

　本研究の最大の課題は，なんといっても磁気光学薄膜のフレキシブル化そのものです。先行研究では，磁気光学薄膜の成膜にはスパッタ法や液相エピタキシャル法，有機金属堆積法など多くの手法が利用されてきました。3.4 節で紹介した磁性フォトニック結晶 (MPC: Magnetophotonic crystal) はスパッタ法を使用しました。しかし，磁性ガーネット薄膜は結晶性薄膜です。したがって，いずれの手法でも成膜後に 600 ℃以上の高温で堆積物を結晶化させる必要があり，基板には耐熱性の高い単結晶基板やガラス基板を使用するためフレキシブル化が困難でした。

　こうした背景の中，1995 年に，河合氏や平野氏らによって塗布型磁気光学薄膜が提案されました [10]。この方法は，磁性ガーネット微粒子を透明バインダ中に分散させて基板上にコーティングすることにより，成膜後の結晶化熱処理を回避する手法でした。本研究では，平野氏らによって提案されたこの手法を応用して，スピンコート法によりフレキシブル基板上に磁性ガーネット微粒子を塗布した場合の光学・磁気光学特性について調査した結果を紹介します [11]。

　図 3.38 に本研究における成膜手順を掲載します。まず磁性ガーネット微粒子を共沈法などにより作製します。この微粒子を有機バインダ中に分散させます。今回紹介する実験ではポリビニルアルコール (PVA: polyvinyl alcohol) 水溶液を利用しました。有機バインダには PVA の他

にもエポキシ樹脂などが利用されます。PVA 水溶液中に磁性ガーネット微粒子を混合して分散させた液体をプラスチック基板上にスピンコーティングします。その後乾燥させることによって磁性ガーネット薄膜を作製しました。この方法では，微粒子の状態で結晶化しているパウダーを使用するので成膜後に結晶化熱処理が不要で，耐熱性の低い基板にも利用できるようになります。

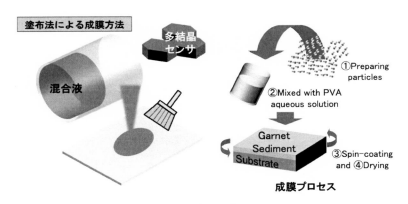

図 3.38　成膜手順の概略図

3.5.3　実験方法および実験結果

本研究では，次の 3 種類の磁性ガーネット微粒子を利用しました。

① $(Bi_{0.5}Y_{2.5})_3Fe_5O_{12}$：ビスマス置換型イットリウム鉄ガーネット
② $Y_3Al_5O_{12}$：イットリウムアルミニウムガーネット
③ $(Bi_{0.5}Y_{2.5})_3(Fe_{3.8}Al_{1.2})_5O_{12}$：ビスマスアルミニウム置換型鉄ガーネット

本研究における成膜条件の一覧を表 3.2 に示します。有機バインダについては，我々の研究グループでは重量%濃度が異なる PVA 水溶液を作製して塗布後の状態の変化を調査しましたが，本書ではその中でも PVA 水溶液の重量%濃度を 15 wt% としたときの結果について紹介します。

表 3.2　ビスマス置換型イットリウム鉄ガーネット薄膜の成膜条件一覧

PVA 水溶液の 重量%濃度 [wt%]	磁性ガーネット 対 PVA の重量比率	スピンコート条件 [rpm]	
		Step1 10 秒	Step2 60 秒
15	1:03	500	6000

　また，PVA 水溶液中に分散させる磁性ガーネット微粒子の濃度を，磁性ガーネット微粒子と PVA 水溶液との重量比率で制御しました。本書では，磁性ガーネット微粒子対 PVA 水溶液の重量比率を 1:3 とした場合の結果について紹介します。

　PVA 水溶液中に混合した後，ホットスターラにより室温で撹拌しながら両者を混合することで塗布液を作製しました。その後，塗布液をプラスチックのフレキシブル基板上に滴下し，スピンコータを用いて成膜を行いました。スピンコートの条件に回転数と回転時間があります。本研究では滴下している時間 (Step1) と本成膜の時間 (Step2) の 2 段階で回転数と回転時間を制御しました。Step1 は 500 rpm で 10 秒間回転させて，その間に混合した液体を基板上に滴下しました。その後の Step2 では 3000 rpm で 60 秒間成膜しました。スピンコート後に室温で乾燥させることで磁性ガーネット薄膜を成膜しました。

　図 3.39 に成膜前のビスマス置換型イットリウム鉄ガーネット微粒子の結晶性を X 線解析装置 (XRD) により評価した結果を示します。この結果は，磁性ガーネットの典型的な結晶化ピークを示していることから，微粒子が成膜前に結晶化していることが確認できました。

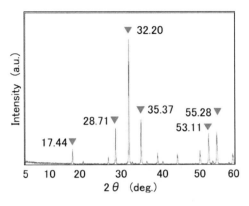

図 3.39　微粒子の XRD パターン [11]

　図 3.40 に成膜したビスマス置換型イットリウム鉄ガーネット薄膜の写真を示します。図 3.40 に示すように，作製した磁性ガーネット薄膜は自在に湾曲させることが可能で，曲げても表面の割れや剥離などは見られず良好な状態であることを確認しました。

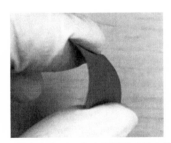

図 3.40　塗布したフィルムを湾曲させた様子 [11]

　図 3.41 に走査型電子顕微鏡 (SEM: Scanning Electron Microscope) により観察したビスマス置換型イットリウム鉄ガーネット薄膜の断面観察の結果を示します。膜厚は 30 マイクロメートル程度で比較的緻密な膜が形成できていることが観察されました。

133

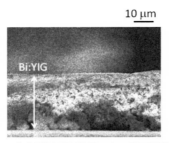

図 3.41　走査型電子顕微鏡による断面観察像 [11]

　図 3.42 に可視分光光度計により測定した磁性ガーネット薄膜の透過率スペクトルを示します。波長 400 nm から 1400 nm の範囲において透過率を測定した結果，透過率は全波長域においてほぼゼロ％でした。

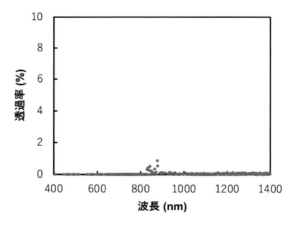

図 3.42　可視分光光度計により測定した透過率スペクトル

　これまで述べてきたとおり，磁気光学イメージングはファラデー効果を原理としているため，光がある程度透過することが求められています。先行研究などを参考にすると，20 ％程度の透過率が必要であることがわかっています。したがって透光性を示さなかった原因の究明と透過率の改善が求められます。

透光性を示さなかった原因として考えられるのが，材料中の鉄の光吸収と微粒子による光散乱です。そこで，ビスマス置換型イットリウム鉄ガーネットの鉄サイトを吸収係数が小さいアルミニウムに置換したイットリウムアルミニウムガーネット微粒子を利用して塗布膜を成膜し，透過率を調査しました。もしも透光性を示さない原因が鉄による光吸収によるものであれば，このイットリウムアルミニウムガーネット薄膜はある程度の透光性を示すはずです。

一方，透光性を示さない原因が微粒子による光散乱にあるのであれば，この薄膜はビスマス置換型イットリウム鉄ガーネットと同様に，ほとんど透光性を示さないはずなので，この実験により透光性を示さない原因をある程度特定することができると考えました。

イットリウムアルミニウムガーネット (YAG) 薄膜の成膜条件を表 3.3 に示します。今回の実験では，本成膜時の回転速度と基板上に堆積した微粒子の密度との関係を調べるために，Step2 の回転速度を 1000，3000，6000 rpm の 3 種類のサンプルを成膜しました。成膜した YAG 薄膜の透過率スペクトルを図 3.43 に示します。

この測定結果から，YAG 薄膜はすべての成膜条件において，10 ％から40 ％程度の透光性を示すことが確認できました。なお，波長 800 nm 付近における波形のひずみは，分光光度計の検出器が可視領域から近赤外領域に切り替わることによるノイズです。よって，ビスマス置換型イットリウム鉄ガーネットを用いた実験で透光性を示さなかった原因は，材料中の鉄の光吸収が大きな要因であったことがわかりました。

表 3.3 イットリウムアルミニウムガーネット薄膜の成膜条件一覧

	PVA 水溶液の重量％濃度 [wt%]	磁性ガーネット対 PVA の重量比	スピンコート条件 [rpm]	
			Step1 10 秒	Step2 60 秒
サンプル 1				1000
サンプル 2	15	1:03	500	3000
サンプル 3				6000

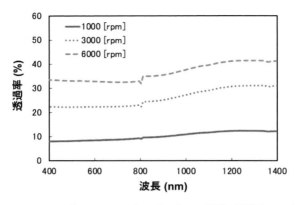

図 3.43　イットリウムアルミニウムガーネット薄膜の透過率スペクトル

3.5.4　磁性フォトニック結晶の場合

　3.4 節で紹介した MPC を利用した磁気光学イメージングは平板上での利用を前提としているので，フレキシブル化の可能性について考える場合には，湾曲による影響を明らかにする必要があります。3.4 節でも紹介したとおり，MPC は多層膜で構成される人工磁気格子であり，局在波長において磁気光学効果を増大することができる反面，曲面化への検討がなされていません。これは，そもそもフレキシブルに湾曲する MPC を作製する方法が現時点では存在しないということが大きな要因ですが，CAE シミュレーションを用いることにより，"もし MPC を自由に湾曲させることができたらどのような振る舞いをするのか"を予想することは可能です。そこで本項では，被検体表面の形状に合わせて MPC が湾曲した場合にどのような影響があるのかを CAE シミュレーションにより解析した結果 [12] について紹介します。

　MPC の局在波長は，入射した光が各層の中を進行する光路長に依存しており，各層の膜厚で決定されます。しかし，MPC が湾曲した場合には，平面の場合と比較して実効的な光路長が長くなることで局在波長が設計値からずれてしまいます。したがって MPC を湾曲させた場合を想定すると，この湾曲による光路長の差を考慮して構造を設計しなければなりません。

　また，MPC の各層の膜厚は局在波長における屈折率と吸収係数を基に決定しているため，MPC を湾曲させた場合の光路長の差が引き起こす局在波長のシフトは，磁気光学イメージングを行った場合の性能の低下を引き起こすことが十分に想定されます。このような理由から，MPC が湾曲して光路長が変化した場合の光学特性をシミュレーションして，得られる磁気光学イメージの光強度を解析することで，湾曲による局在波長の変化が磁気光学イメージングに与える影響を解析しました。

　シミュレーションに用いたモデルを図 3.44 に示します。光局在層はこれまでと同様にビスマス置換型イットリウム鉄ガーネット ($Bi_{0.5}Y_{2.5}Fe_{5.0}O_{12}$: Bi;YIG) としました。また誘電体多層膜 (PC: Photonic crystal) の材料も同様に，低屈折率材料として二酸化ケイ素 (SiO_2)，高屈折材料として五酸化タンタル (Ta_2O_5) としました。

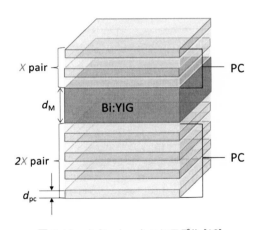

図 3.44　シミュレーションモデル [12]

　このときの PC の各層の膜厚は次の式 (3.3) で表されます。

$$d_{pc} = \frac{\lambda}{4n} \tag{3.3}$$

ここで d_{pc} は各誘電体層の膜厚，λ は入射する光の波長，n は各誘電体の屈折率です。

　PC 中に入射した光はそれぞれの誘電体層の界面で多重反射します。このとき，各層の膜厚は入射する光の波長の 4 分の 1 の厚さで設計されているので，入射光と反射光の位相が反転してファブリ・ペロー干渉計の原理で互いに打ち消し合い，光が存在しないフォトニックバンドギャップを形成します。

　PC 中に光学膜厚として PC の 2 倍の厚さの Bi;YIG 層を挿入することにより，PC の周期構造の欠陥として Bi;YIG による光局在層が形成されます。すると Bi:YIG 層で入射光と反射光の位相が同相となり，ファブリ・ペロー共振により互いに強め合い，特定の波長において局在ピークを示します。したがって，MPC の光局在層の膜厚は次の式 (3.4) で表されることになります。

$$d_M = x \frac{\lambda}{2n} \tag{3.4}$$

ただし，d_M は欠陥層膜厚，x は整数であり，λ は入射する光の波長，n は Bi;YIG の屈折率です。

　式 (3.4) から，3.4.3 項で述べたとおり，光局在層の膜厚は入射する光の波長と Bi:YIG の屈折率によって決まる離散的な値をとることがわかります。

　CAE シミュレーションの一例として，被検体の曲率半径が 10 mm の曲面と仮定して MPC が湾曲したときの光学特性について紹介します。シミュレーションは，3.4.3 項で紹介した TMM 法を用いました。図 3.45 にシミュレーションに用いた各パラメータと MPC のモデルとの関係を示します。

　図 3.45 の各パラメータの関係から，曲面上の磁気光学イメージングで一度に観察可能な範囲を算出しました。撮影可能な範囲は，観察に用いる光源の照射面積を意味しており，図 3.45 に示す光の半径 (x) から求めることができます。なお，x は図 3.45 の中心角 (θ) と曲率半径 (10 mm) の関係から算出しました。

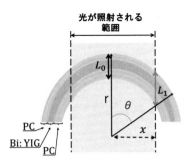

図 3.45　シミュレーションに用いた各パラメータとモデルの関係

　湾曲した MPC に対して光が垂直に照射された場合，光が照射される範囲は図 3.45 に示すとおりです。図 3.45 から，光の照射範囲の中心部の光路長 (L_0) と照射される範囲の端部の光路長 (L_1) に差が生じていることがお分かりいただけると思います。L_0 と L_1 の差を光路長差 (L) として，MPC の設計波長とのずれにより光強度が低下して，光強度が目標値を下回る限界の θ を求めました。なお MPC の局在波長は 3.4 節と同様に 532 nm として，3.4 節で紹介した平面上での MPC における光強度である 4 nW/cm^2 を目標値として設定しました。図 3.46 に，図 3.45 における θ と L の関係を示します。なお，このときの L は $L_1 - L_0$ です。

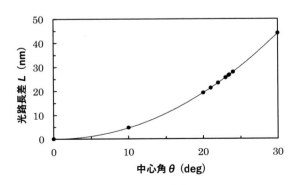

図 3.46　中心角 θ と光路長差 L の関係 [12]

　図 3.46 の L を基に TMM 法における各設計膜厚を設定し，MPC の
ファラデー回転角スペクトル (θ_F) をシミュレーションしました。その結
果を図 3.47 に示します。$\theta = 0\ \mathrm{deg.}$ における波長 532 nm 付近のピーク
が MPC の局在ピークであり，局在波長においてファラデー回転角が増大
されている様子が分かります。θ を増加させると波長 532 nm における
θ_F は減少し，各 θ の値における局在ピークの波長は長波長側にシフトし
ています。これは，曲面化によって光路長が延びたことを意味しており，
局在波長より長い波長の光が局在するようになったからであると説明でき
ます。

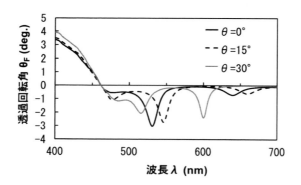

図 3.47　中心角の違いによる MPC のファラデー回転角スペクトルの変化
[12]

　磁気光学イメージングの場合，通常は MPC の局在波長と同じ波長の光
源を使用します。しかし，光が照射される範囲の中心部から端部に向かう
につれて，MPC の局在波長が長波長側へとシフトしていき，θ_F が減少
して磁気光学イメージの光強度が低下してしまいます。

　次に，このときのファラデー回転角の低下に基づいた光強度を計算しま
した。磁気光学イメージの光強度 (I_{out}) は，次の式 (3.5) で表されます。

$$I_{out} = I_{in} \times T \times sin^2\theta_F \tag{3.5}$$

ただし，I_{in} は入射光の光強度，T は MPC の透過率，θ_F は図 3.47 で求

めたファラデー回転角です。

図 3.48 に中心角 θ と磁気光学イメージの光強度の関係を示します。図 3.48 中の破線は，目標値である 4 nW/cm² を示しています。この結果から，θ = 23.4 deg. までの範囲であれば目標値を上回る光強度が得られることがわかりました。このときの図 3.45 の各パラメータを算出すると，r = 10 mm，L_0 = 1252 mm，L_1 = 1364 mm，x = 3.9 mm となりました。

この結果から，MPC が曲率半径 10 mm で湾曲している場合は，一度に撮影可能な範囲を算出すると 48.6 mm² であることが明らかになりました。同様の方法でシミュレーションすることにより，あらゆる条件でMPC が湾曲した場合の影響を明らかにすることができるようになりました。

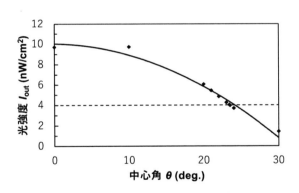

図 3.48　中心角 θ と磁気光学イメージの光強度の関係 [12]

3.5.5　磁気光学イメージングと学生教育への展開

筆者が鈴鹿高専に着任した平成 28 年度以降，本研究開発について，卒業研究や特別研究で学生と一緒に行った研究内容を紹介します。今後，高専にて新たに研究環境を整備することを考えている読者の皆様に少しでもご参考にしていただけることを願っております。

図 3.49 に，着任当時の研究テーマの構想を示します。

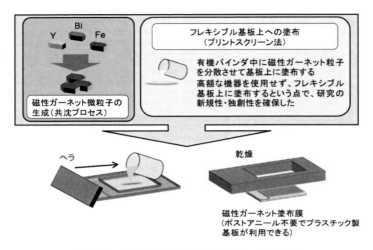

図 3.49　着任当初に設定した研究テーマの概要

　着任前の大学院時代は偏光分光顕微鏡やクリーンルーム，高周波イオン
ビームスパッタリング装置など高額な研究設備を活用して，磁気光学イ
メージングの超高空間分解能化を達成する研究を行っていました。

　ところが，非破壊検査の現場に適用させることを考えると，繊細で高額
な研究機器は不向きです。粉塵や高温下の環境，高度な分析機器の取り扱
いに長けた専門家がいない場合においても利用が可能なイメージセンサや
デバイスを開発する必要がありました。特に，磁気光学薄膜の取り扱いに
は課題がありました。従来から利用されてきた薄膜は，単結晶基板かガラ
ス基板上などに成膜された磁性ガーネット薄膜であり，ちょっとした振動
や衝撃で割れてしまい，ピンセットを利用して慎重に取り扱う必要があり
ます。これではとても非破壊検査の現場では利用できません。また，偏光
分光顕微鏡のような精密機器を検査現場に運び込むことも困難です。

　そこで，鈴鹿高専でまず取り組んだのは，次の 2 テーマでした。

①　スパッタリング法に頼らずに，フレキシブルで割れないプラスチッ
　　ク基板上に磁性ガーネット膜を形成するプロセスを確立すること
②　偏光分光顕微鏡に頼らずに，スマートフォンを利用して磁気光学イ

メージが撮影可能な環境を構築すること

　図 3.49 に示した構想では，フレキシブル基板上に磁性ガーネットを塗布する方法としてプリントスクリーン法による薄膜形成を想定していました。プリントスクリーン法では，有機バインダ中に磁性ガーネット微粒子を分散させた混合液を作製し，型枠の中に混合液を流し込むことによってフレキシブル基板上に塗布する方法です。

　プリントスクリーン法には磁性ガーネット微粒子が必要でしたが，購入すると 100 g で数十万円かかり，着任当時の研究予算では研究が立ち行かなくなる恐れがありました。そこで共沈法で材料を合成して，焼結することにより磁性ガーネット微粒子を作製することにしました（図 3.50）。

(a) 共沈法により沈殿した化合物　　(b) 焼結後の化合物の様子

図 3.50　共沈法による磁性ガーネット粒子の作製

　共沈法であれば数千円程度の材料費とビーカ類などの初歩的な実験器具で磁性ガーネット微粒子を合成することができます。しかしながら，研究室で合成した磁性ガーネット微粒子は不純物が多く，品質が安定しないため，ある程度の研究実績を残したうえでその間に外部資金を獲得して，高い純度の磁性ガーネット微粒子を購入するつもりで研究していました。

　表 3.4 に大雑把な時間スケールで立てた当時の研究計画を示します。研究項目として 3 つの研究テーマを設定しました。

表 3.4　着任当初の研究計画

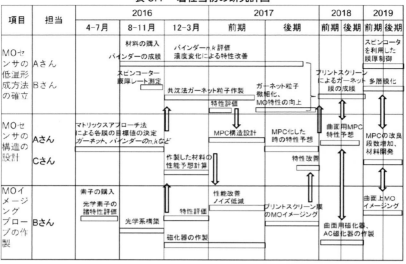

項目	担当	2016 4-7月	2016 8-11月	2016 12-3月	2017 前期	2017 後期	2018 前期	2018 後期	2019 前期	2019 後期
MOセンサの低温形成方法の確立	Aさん Bさん		材料の購入 / バインダーの成膜 / スピンコーター 膜厚レート測定	バインダーn,k評価 濃度変化による特性改善 / 共沈法ガーネット粒子作製 / 特性評価		ガーネット粒子微細化、MO特性の向上	プリントスクリーンによるガーネット膜の成膜		スピンコータを利用した膜厚制御 / 多層膜化	
MOセンサの構造の設計	Aさん Cさん	マトリックスアプローチ法による各膜の目標値の決定 ガーネット、バインダーのn,kなど		作製した材料の性能予想計算	MPC構造設計	MPC化した時の特性予想 / 特性改善		曲面用MPC特性予想	MPCの改良段数増加、材料開発	
MOイメージングプローブの作製	Bさん	素子の購入 / 光学素子の諸特性評価	光学系構築	特性評価 / 磁化器の作製	性能改善ノイズ低減	プリントスクリーン膜のMOイメージング		曲面用磁化器、AC磁化器の作製	曲面上MOイメージング	

　1つ目の「MOセンサの低温形成方法の確立」がプリントスクリーン法に関する計画です。研究計画の 2018 年を見ると，プリントスクリーン法により磁性ガーネット膜を作製し，3 年間で成果を出して外部資金を獲得することにより再現性の高いスピンコート法に移行したいという計画でした。この研究テーマは，その後，2019 年からスタートした日本学術振興会の科学研究費助成事業（科研費）若手研究に採択されたことによって計画通りにスピンコート法へと移行しました。若手研究終了後は，本節でも述べたとおり NEDO 官民による若手研究者発掘支援事業の支援によって 3.5 節で紹介したような成果に繋がっています。

　2つ目の「MOセンサの構造の設計」は，3.2 節で紹介した CAE シミュレーションによる漏洩磁界分布の解析に関する内容です。先行研究で構築した 2 次元のモデルを拡張して，3 次元のシミュレーションモデルを構築することからスタートしました。この研究では，実験では測定が難しいようなマイクロメートルオーダでの磁界の振る舞いなどが徐々に明らかになりました。こうした内容をさらに発展させることによって，磁性フォトニック結晶のような複雑な光学計算を含む磁気光学イメージングの動作

の解析を行うことができるようになりました。

　そして 3 つ目の「MO イメージングプローブの作製」は，図 3.51 に示した構想で，3D プリンタを用いて光学素子を支えるフレームを設計・作製して，スマートフォンで撮影可能な光学系を構築することを目標に開発を行いました。

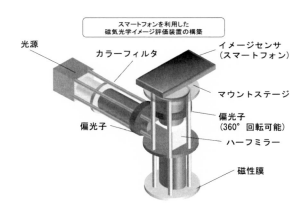

図 3.51　学生が設計した磁気光学イメージングプローブ

　図 3.52 (a) に研究室の学生が 3D-CAD を用いて設計し，3D プリンタで作製したフレームで組み立てた磁気光学イメージングプローブを示します。最終的にこのテーマは必要な光学素子が揃い，図 3.52 (b) に示した光学ステージ上に各素子を固定した光学系へと発展し，現在は暗室の中で複数の磁気光学イメージを同時に撮影できるようになりました。これらの成果については 3.3 節で紹介したとおりです。

145

（a）学生が作製した磁気光学イメージングプローブ

（b）現在使用している磁気光学イメージング光学系

図 3.52　磁気光学イメージング光学系の構築

　いずれの研究においても，筆者の研究室では必ず学生自らが実験を進めるということを念頭に置いて研究を行ってきました。時には稚拙に思える実験であっても，必ず学生への教育的効果とその後の大きな研究成果に繋がると信じて，学生と一緒に研究してきました。このような形でいくつかの研究成果をご紹介できたことは大変うれしく思います。

参考文献

[1]　佐藤勝昭：『光と磁気 改訂版』，朝倉書店 (2001)

[2]　近角聰信：『強磁性体の物理（上）－物質の磁性－』，第 16 版，裳華房 (2008)

[3]　近角聰信：『強磁性体の物理（下）－磁気特性と応用－』，第 16 版，裳華房 (2008)

[4] 橋本良介：磁気光学イメージングによる高空間分解能非破壊センシング技術，『化学工業』pp.223-230 (2022)

[5] M. Inoue, K.I. Arai, T. Fujii, M. Abe, :Magneto-optical properties of onedimensional photonic crystals composed of magnetic and dielectric layers, *J. Appl. Phys.*, 83, pp. 6768-6770 (1998)

[6] 井上光輝，荒井賢一，阿部正紀，藤井壽崇：一次元磁性フォトニック結晶の局在モードの磁気光学性能指数，『日本応用磁気学会誌』23, pp.1861-1866, (1999)

[7] R.Hashimoto, H.Takagi, T.Yonezawa, K.Sakaguchi and M.Inoue, :Magneto-optical imaging using magnetophotonic crystals, *Journal of Applied Physics*, 115, pp.17A931-17A933 (2014).

[8] 東北電力株式会社：炉心シュラウド中間部リング及びシュラウドサポートリングのひびについて (2003)

[9] R.Hashimoto, T.Yonezawa, H.Takagi, T.Goto, H.Endo, A.Nishimizu and M.Inoue, :Defect depth estimation using magneto optical imaging with magnetophotonic crystal, *Journal of the Magnetics Society of Japan*, 39, pp.213-215 (2015)

[10] 河合紀和，平野輝美，河野芳之，小室栄樹，並河建，山崎陽太郎：共沈法による Bi 置換 YIG 微粒子の合成と塗布型 MO 膜への応用，『日本応用磁気学会誌』vol.19, pp.213-216 (1995)

[11] R.Hashimoto, T.Itaya, H.Uchida, Y.Funaki and S.Fukuchi, :Properties of Magnetic Garnet Films for Flexible Magneto-Optical Indicators Fabricated by Spin-Coating Method, *MATERIALS (MDPI)*, vol.15・no.3 (2022)

[12] 橋本良介, 嶋本紘己, 舩木佑也, 中筋大樹, 板谷年也：リモート非破壊検査に向けたフレキシブル磁気光学イメージングセンサの光学特性解析，『計測自動制御学会教育工学論文集』vol.42, pp.4-6 (2019)

147

第 4 章
未来技術の社会実装の高度化に向けて

本章では，ロボット・IoT (Internet of Things)・AI (Artificial Intelligence)・AR (Augmented Reality) 活用と非破壊検査を組み合わせた高度非破壊検査技術に向けた高専での著者らの教育研究の取り組みを紹介します。

4.1　高度非破壊検査技術者の必要性

　インフラや構造物の非破壊検査の分野においてもロボット・IoT・AI・ARの技術導入が積極的に進められています。これまで人が行っていた検査をロボットに代え，自動化および遠隔化しようという試みです。これこそ，高専生の強みであるロボット・IoT・AI・AR活用であり，非破壊検査分野での新しい展開であるといえます。

　実践的技術者養成は高専の社会的使命であり，ロボット・IoT・AI・ARのみならず非破壊検査の技術的内容まで十分に理解し，それらを組みわせて社会実装できる高度非破壊検査技術者が必要とされています。

4.2　高度非破壊検査人材育成のための教材パッケージの開発

　本節では，ロボット・IoT・AIと非破壊検査を組み合わせた高度非破壊検査教育を複数高専で実践開発し，教材をパッケージ化することで全国高専へ展開することを目指した取り組みを紹介します。

4.2.1　研究内容

　本研究では，初めて高専生を対象に統一的な学問体系による非破壊検査教育を行い，ロボット・IoT・AIを組み合わせた新しい未来技術人材育成に資する実践教育を行いました。ロボット・IoT・AIと非破壊検査の基礎的部分を教材パッケージ化し，検査対象によってそれぞれの分野での非破壊検査の高度化を図ることが可能です。

4.2.2　教材開発と教育実践

　講義・セミナーについて，TV会議システム (Microsoft Teams) を用いて配信するとともに録画保存し，ビデオ視聴可能とすることでパッケージ化を行いました。図4.1に高度非破壊検査人材育成のための教材パッケージ化の模様を示します。IoT実験は，教材を新たに作成し，実際にIoT入

門実験を行いました。

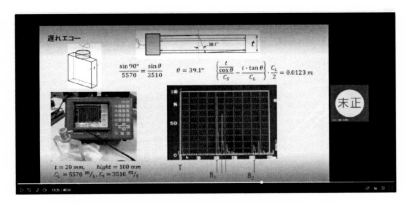

図 4.1　高度非破壊検査人材育成のための教材パッケージ化

　以下に本研究で製作したコンテンツを示します。

第1回：非破壊検査の一般知識（講義）

第2回：超音波探傷試験（講義・デモ）

第 3 回：渦電流探傷試験（講義）

第 4 回：非破壊検査ロボット・AI 活用（講義）

第 5 回：磁性体の基礎（講義）

第 6 回：アコースティック・エミッション（講義）

第 7 回：漏洩磁束探傷試験（講義）

第 8 回：電磁非破壊シミュレーション（講義）

第 9 回：IoT 入門 1（実験）

第 10 回：IoT 入門 2（実験）

　上記のように，パッケージは非破壊検査の一般知識をはじめ，各種非破壊研究者の専門分野の講義およびデモ，加えて，ロボット・AI 活用の講義と IoT 入門実験から構成されています。なお，講義およびデモは著者ら含む各種非破壊検査に関する専門分野の高専教員が行いました。

4.2.3　研究結果と今後の展開

　鈴鹿高専の「デザイン基礎」という学生が希望するテーマを受講できる授業で参加者を募集し，2 年機械工学科の学生 2 名が本教材パッケージで学習しました。非破壊検査の講義については，鈴鹿高専で研究室の学生 2 名が学習を行いました。本教材パッケージで学習した学生は，非破壊検査で用いられる技術を活用し，SDGs の観点から社会への提言を行う研究テーマの検討を行いました。

　その結果，今までにない着眼点から新しい研究テーマを考案し，学会発表を行いました。これは，本教材パッケージにより学生が非破壊検査の必要性や非破壊検査の様々な手法を理解した効果があったためと考えられます。

　非破壊検査の検査専門会社は日本全国で約 400 社ありますが，先述のとおり職場環境向上，人手不足，技能伝承の問題から今後さらなる効率化や省力化が求められます。本教材は全高専組織で運用している Microsoft Teams で全国高専へいつでも展開が可能です。全国の高専生が本教材で非破壊検査について学ぶことで，高専が諸課題を解決する新たな人材を供給する機関になり得ると考えます。

4.3　スマートグラスと非破壊検査

　ここでは現場での実用化事例が注目されているスマートグラスの非破壊
検査への応用や，鳥羽商船高等専門学校でのスマートグラスによる AR
技術を活用した DX 化への取り組みを紹介します。

4.3.1　AR グラスの活用事例

　スマートグラスは眼鏡型のウェアラブルデバイスであり，装着した人が
眼鏡を通して見る視界の中でモニターの観察や操作，装着した人の視界映
像の抽出などを行えるもので，産業での活躍が期待されている技術です。
産業用の用途としては，メンテナンス業務の効率化や熟練技術者の技術伝
承用のツールとして期待されています。業務の効率化については，遠隔地
からの情報共有や伝達が可能になり，トラブルシューティングなどの緊急
を要する作業でも電話による音声ではなく映像を交えた作業指示が行えま
す。技術の伝承については，熟練者の視線で技術の疑似体験や，リアルタ
イムでの技術指導が可能になります。教育者にとっては，1 対 1 ではなく
複数の作業者の様子を監督することも可能になり。教育 DX の分野でも
注目を浴びています。

　鳥羽商船高専では，スマートグラスを教育 DX へ活用する取り組みを進
めています。本取り組みでは，自然界の物理量の可視化を目的とした教育
ツールの製作と，これらを活用した実習での熟練度の見える化を本校での
教育に実装することを目的とする「visuARize」という教育システムを
提案し，開発しています。

　自然科学で扱う法則や物理量は人の目に見えないものがほとんどです。
物事の本質を理解するうえで「見えない」ということは理解の大きな妨げ
となります。そこで，本校では現在，対面授業においても TV 会議システ
ム (Microsoft Teams) を用いた授業の配信および録画保存を推進してい
ます。このシステムはオンデマンドで講義内容を復習できるため知識の定
着には有効ですが，実習・実験に関する内容まで網羅することができま
せん。

　実習や実験を通して養われる想像力は，本校の学生の将来像である航海

士・機関士・エンジニアなどの実践技術者には必須のスキルです。また，実習・実験は学生が能動的に物事を経験し，理解を深める場として極めて重要ですが，一方で教員が学生一人を見続けることは難しく，各学生への適した指導と熟練度の把握が難しいという課題があります。

　提案する visuARize は，スマートグラスを通して AR 映像を現実空間の実験設備に投影し，目に見えない物理量を観察することができます。また，AI 技術を活用した熟練度判別アプリを開発することによって，学生のスマートグラスの視界映像を使い，学生の到達レベル（理解レベル・適用レベル・分析レベル・評価レベル・創造レベル）の評価が可能となります。これにより，実習・実験において各学生に合わせた指導が可能となり，各学生の課題への取り組みに対する評価もより適正に行うことができます（図 4.2）。

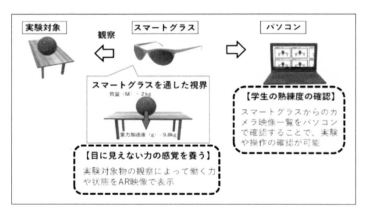

図 4.2　「visuARize」のシステム概要

4.3.2　教育 DX に向けた学生による「visuARize」の製作

　前項に述べた「visuARize」の説明と製作状況について本項で説明します。

　本取り組みで使用する機器について説明します。スマートグラスは図 4.3 に示す VUZIX 社の「Vuzix Blade」を使用しています。AndroidOS

が内蔵されており，Wi-Fiや Bluetooth を利用することでインターネットに接続することができ，オーディオ機能，音声コマンド機能，画像認識・音声認識・AR表示機能を備えています。

図 4.3　スマートグラス

　本システムの詳細を図 4.4 に示します。本システムではスマートグラスを通してあらかじめ特徴点を登録しておいた物体を検出するとそのモデルを AR 映像として出力し，そのモデルを通して見えない力の可視化イメージモデルを投影します。手始めに重力，垂直抗力，浮力の物理量を表すアプリケーションを制作しました。

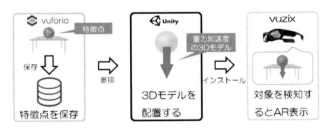

図 4.4　システム詳細

　スマートグラスを通して見えた物体に AR 技術を組み込むために，特定の形状に反応させるための AR マーカーを作成しました。AR マーカーの作成には，特徴点を抽出する AR 開発のサポートライブラリである「Vuforia」の「Vuforia Object Scanner」と呼ばれる Android アプリを用いて特徴点を検出しました。このアプリは，複雑形状での特徴点抽出に適しており，図 4.5 に示すようにマイコン基盤での特徴点抽出を行いました。この AR マーカーをマイコン (Arduino) の 3D モデルを表示させ

るトリガーとして使用し，図 4.6 のようにスマートグラスを通して 3D モデルの可視化を行いました。

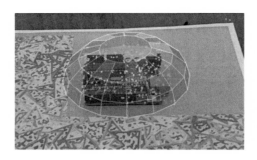

図 4.5　特徴点の抽出

図 4.6　スマートグラスからの景色

　続いて，物理量の可視化を行うために AR マーカーと物理量の 3D モデルの紐づけを行いました。これには，3DCG アニメーションを作成するための統合環境アプリケーションである「Blender」を使用しました。初めに，重力を表す 3D モデル（以後，重力 3D モデル）の作成を行いました。図 4.7 に示すように，作成した重力 3D モデルモデルツール (Unity) にインポートし，AR マーカーとの紐づけを行いました。

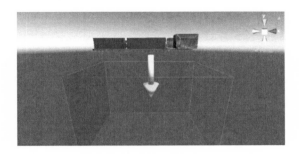

図 4.7　重力のイメージ

　AR マーカーである実物の Arduino から直接下向きの矢印が出ている
ように配置すると見えにくくなってしまうため，上に配置した Arduino
3D モデルから下向きの矢印が出ているように配置することで，Arduino
に働く重力の向きを表現しました。これらを実際に動作させた結果を図
4.8 に示します。

図 4.8　スマートグラスを通した力の可視化

4.3.3　今後の展開と非破壊検査技への応用

　前項のシステムは教育 DX に向けた学生の取り組みであり，現在開発途
中のシステムです。今後の展望としては，システムの完成度の向上ととも
に，非破壊検査の実証フィールドであるプラント等の野外での活用を検討
しています。実験室単位での実験観測システムを開発し，その後実用的な

157

非破壊検査システムの一部として導入予定です。

　教育 DX としてのスマートグラスの活用の派生として，実験実習を行っている学生一人一人のスマートグラス映像から習熟度を判定することで，これまでのグループ単位での実習作業を個人の習熟度として観察・記録できる実験実習システムを開発中です。これにより，今まで以上に実践スキルの習得に重点を置いたカリキュラムを提供することを目的としています。

　非破壊検査業務におけるスマートグラスの活用方法として，第 2 章で説明した電磁気非破壊検査での渦電流探傷試験や磁粉探傷試験法における計測時のヒューマンエラー削減に向けた技術伝承アプリケーションの開発に取り組んでいます。また，磁粉探傷試験法ではブラックライトを当てての目視判断時に発生する磁粉だまりなどの誤判断をノウハウ的に蓄積することで，新たな AI 検査技術の蓄積データの採取も可能にしています。

　実験単位では，実験結果の共有やリアルタイムでの実験監督など，学生の研究スキル向上に向けたシステム開発も今後のスマートグラスの活用として組み込んでいく予定です。

4.4　深層生成モデルを用いた磁気光学イメージング

　本節では，磁気光学イメージングと人工知能 (AI) による深層学習を組み合わせた非破壊試験の自動化に関する原理を実証し [1]，複数の磁気光学センサによる特性の違いについて調査した取り組みを紹介します。

4.4.1　深層学習モデルを用いる目的

　3.5.1 項でも述べたように，インフラ系構造物の老朽化や非破壊検査に携わる人材の不足が懸念されており，効率的かつ確実なインフラ維持管理に資するため，高精度かつ効率的な非破壊センシング・イメージング技術の開発が進められています。しかしながら，建造物の材質や構造さらには対象とする欠陥の種類が多岐にわたることから，多くは実用化するまでに

は至っていません。したがって，多くの場合，得られた画像や電気信号などのきずの情報から熟練技術者が欠陥の判断をしている現状があります。

そこで我々は，こうした状況を打破すべく革新的な非破壊試験手法の開発を目指しており，特に筆者は磁気光学効果を原理とする磁気光学イメージングによる非破壊試験技術を研究していることはこれまでに述べてきたとおりです。磁気光学イメージングのような画像処理技術は AI による深層学習が得意とする分野であり，得られた磁気光学イメージを深層学習することで，熟練技術者に代わって機械が欠陥を自動で判断することができるようになります。

この研究の目的は，鉄鋼材料表面の欠陥を AI で自動判断することで非破壊検査を少人化あるいは無人化し，構造物が安全にどれくらいの期間使用できるかといったことを効率的に判断することです。AI による欠陥判断の課題としては，例えば一般的なカメラで撮影した画像を利用する場合では，表面の汚れや凹凸といったノイズとなる情報が多く，そのまま AI で欠陥判断した場合，欠陥を見誤る可能性が高いということが挙げられます。

そこで，このような課題を解決するために，AI で欠陥の異常を検知する前処理として，磁気光学イメージングを行うことにより金属表面の光学的な情報を磁気情報に変換し，その後，得られた磁気光学イメージを AI で自動判断することで欠陥判断の効率・精度を高めることができるのではないかと考えました。

磁気光学イメージングは，きずを漏洩磁界分布として可視化するため，表面の汚れや凹凸といった情報をフィルタリングすることが可能です。本節では，磁気光学素子を漏洩磁界センサとして用いて鉄鋼材料表面のきずを可視化して，得られた画像を深層学習することで欠陥を自動で検出する技術について紹介します。

4.4.2 自動判断のための欠陥画像の撮影

磁気光学効果とは，第 3 章で述べたとおり，磁化された磁性体の中を進行する直線偏光の偏光面が回転する現象です。被検体表面に欠陥が存在する場合，被検体を励磁することにより欠陥近傍で磁界が漏洩します。磁気

光学イメージングでは，磁性ガーネットのような磁気光学素子を磁界セン
サとして用いることにより，欠陥からの漏洩磁界をセンシングします。

　磁気光学素子の材料として本研究では，3.3.2 項でご紹介した MO イ
メージングプレートを利用しました。3.3.2 項で述べたように，この MO
イメージングプレートには，磁化容易軸の方向の違いにより低残留タイプ
と高残留タイプの 2 種類のタイプがあります。

　ここでは，両方のタイプの MO イメージングプレートを用いて磁気光
学イメージを撮影し，それぞれのタイプの特徴の違いについてご紹介しま
す。磁気光学イメージの撮影には第 3 章の図 3.18 (a) の光学系を利用し
ました。被検体の励磁にはネオジム磁石角形 (TRUSCO/TN10-10K-1P)
を利用して，磁石の数により励磁強度を制御しました。

　図 4.9 に，低残留タイプの MO イメージングプレートを用いて撮影
した磁気光学イメージを示します。図 4.9 (a) に被検体として利用した
SS400 鋼板表面の模式図を示します。被検体の大きさは 10 mm×10 mm
の正方形で，中央に幅 0.5 mm〜1.5 mm のスリットを欠陥として設けま
した。1 個当たりの表面磁束密度が 0.42 T のネオジム磁石を図中に示す
ように 6 個設置して被検体を励磁しました。図 4.9 (b) が得られた磁気光
学イメージです。MO イメージングプレート表面のスリットが位置する
箇所に明暗のコントラストが見えていることから，欠陥が可視化されてい
る様子がわかります。

4.4.3　深層モデルによる欠陥の自動判断

　本項では，深層生成モデルによる異常検知手法を磁気光学イメージング
に応用した結果について紹介します。学習モデルの構築には Python の
深層学習ライブラリ Keras のバックエンドに Tensorflow を用いて，オ
リジナルデータセットとして，欠陥ありと欠陥なしの磁気光学イメージを
使用しました。画像処理の深層生成モデルのアルゴリズムには，変分オー
トエンコーダ [2] を用いました。変分オートエンコーダ (VAE) の磁気光
学イメージの学習と異常検知のアルゴリズムを図 4.10 に示します。

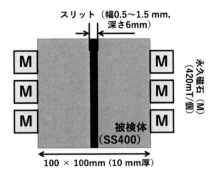

(a) 被検体表面の模式図

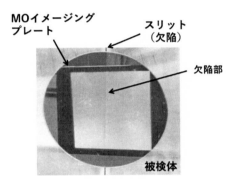

(b) 撮影した磁気光学イメージ

図 4.9 低残留タイプの MO イメージングプレートによる磁気光学イメージ

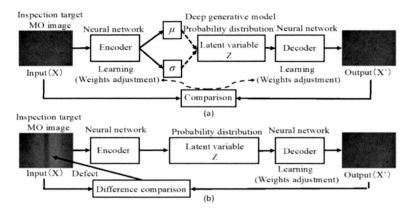

図 4.10　VAE による学習と磁気光学イメージの異常検知のアルゴリズム，(a) VAE による正常画像の学習アルゴリズム，(b) 欠陥がある画像が入力されたときの異常検出アルゴリズム [1]

VAE による異常検知のプロセスは以下のとおりです。

① 欠陥がない磁気光学イメージを学習データとして学習し，深層生成モデルを得る
② テストデータには欠陥がある磁気光学イメージを使用
③ これまで学習したことがない（欠陥がある）磁気光学イメージが入力されると欠陥部分のみ不一致となる
④ 不一致となった差異を抽出し，この座標を基にヒートマップを作成

欠陥検出項目である「きず」については，幅 0.15 mm，深さ 6.0 mm のスリット欠陥について判定しました。被検体は SS400 鋼板を利用しました。

図 4.11 (a) にスマートフォンのカメラで直接表面を撮影した光学イメージを示します。中央に見えるラインがスリット欠陥です。スリットの左右にノイズ源として黒い線を引きました。当然ですが，光学イメージの場合は，スリットの左右に引いた線や表面の微細な凹凸も映ります。つまり，汚れや凹凸などきず以外の情報も可視化されるため，それらがノイズの原因となり AI による自動判断は困難です。

　一方，図 4.11 (b) に高残留タイプの MO イメージングプレートにより
撮影した磁気光学イメージを示します。磁気光学イメージの場合は，欠陥
からの漏洩磁界が可視化されるため被検体表面は直接可視化されず，汚れ
などの情報はフィルタリングされることになります。つまり，きずによる
信号のみを可視化することにより，AI による自動判断に有利に働きます。

欠陥

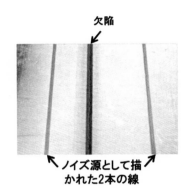

ノイズ源として描
かれた2本の線

(a) 被検体表面の光学像

欠陥部

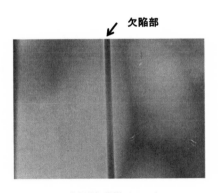

(b) 磁気光学イメージ

図 4.11　高残留タイプの磁気光学イメージ [1]

　図 4.12 に被検体表面に欠陥がない場合の磁気光学イメージ（図 4.12
(a)）と，スリット幅 1.5 mm，深さ 6.0 mm の欠陥を施した場合の磁気光
学イメージ（図 4.12 (b)）を示します。撮影に使用したのは低残留タイプ
の MO イメージングプレートです。スリットの両端部で白く明るくなっ
ていることから欠陥が検出できることが確認できます。

（a）欠陥がない場合の磁気光学イメージ

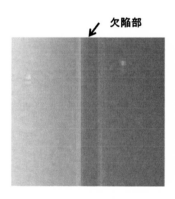

（b）スリット幅1.5 mm，深さ6.0 mmの欠陥の磁気光学イメージ

図 4.12　低残留タイプの磁気光学イメージ [1]

　図 4.13 に高残留タイプの MO イメージングプレートにより撮影した磁
気光学イメージを示します。先ほどと同様に，図 4.13 (a) は被検体表面に

欠陥がない場合の磁気光学イメージで，図 4.13 (b) は低残留タイプの場合と同じ欠陥を施した場合の磁気光学イメージです。

(a) 欠陥がない場合の磁気光学イメージ

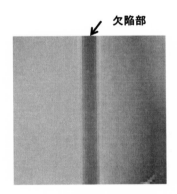

(b) スリット幅1.5 mm，深さ6.0 mmの欠陥の磁気光学イメージ

図 4.13 高残留タイプの磁気光学イメージ [1]

　これまでの結果と同様に，スリットの位置する箇所に明暗のコントラストが見えることから，いずれのタイプの MO イメージングプレートでも欠陥が可視化できていることが示されました。

　前項で得られた磁気光学イメージを入力画像として，深層生成モデルによる欠陥判断を実証しました。学習データとして，28×28 サイズの欠陥

なしの磁気光学イメージ（図 4.12 (a)，図 4.13 (a)）から 8×8 サイズを切り取り，10 万枚を用意しました。また，テストデータとして，28×28 サイズの幅 1.5 mm のスリット欠陥の磁気光学イメージ（図 4.12 (b)，図 4.13 (b)）を使用しました。

　異常箇所を可視化するヒートマップは，元の 28×28 サイズの画像に 8×8 サイズの小窓を 2 ピクセルずつ上下左右に走らせて，累積させます。入力した磁気光学イメージは 8 ビットのグレースケールに変換してから使用しました。

　図 4.14 (a) に低残留タイプの MO イメージングプレートにより撮影した磁気光学イメージの異常度のヒートマップを示します。左の 2 枚の図は 8 ビットのグレースケールに変換した磁気光学画像で，上が欠陥なし，下が欠陥ありの画像です。右の 2 枚の図が深層学習モデルにより作成した異常箇所を示すヒートマップで，上が欠陥なし，下が欠陥ありの画像です。欠陥ありのヒートマップを見ると，異常の判定はできていますが，画像全体にわたり異常度が高いことを示しています。つまり異常があることは判定できるものの，欠陥の位置やおおよその大きさなどはわかりません。これは，欠陥なしの磁気光学イメージの学習データに反射光の映り込みがあり，学習データの作成に影響したためと考えられます。

　図 4.14 (b) に高残留タイプの MO イメージングプレートにより撮影した磁気光学イメージの異常度のヒートマップを示します。4 枚の画像の配置は低残留タイプの場合と同じです。高残留タイプの場合，欠陥なしの場合で異常度が低く，欠陥ありの場合で欠陥近傍において異常度が高く表示されていることがわかります。したがって，高残留タイプの場合は異常の判定のみならず，欠陥の位置や大きさがある程度判定できます。

　これは，高残留タイプの MO イメージングプレートの磁化容易軸が，表面に対して垂直方向であり，磁気光学効果に起因する垂直方向の漏洩磁界に対して高感度に反応したためであると考えることができます。この要因により低残留タイプの場合と比較して，磁気光学イメージのコントラストが高く深層学習モデルによる異常判断に有利に働いたと考えられます。

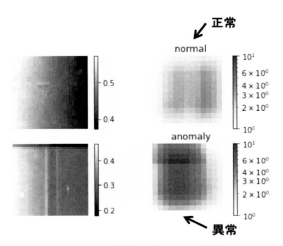

(a) 低残留タイプの磁気光学イメージの場合

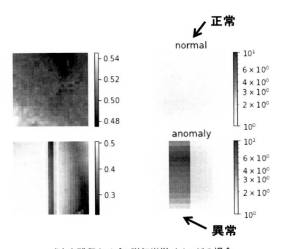

(b) 高残留タイプの磁気光学イメージの場合

図 4.14　磁気光学イメージの異常度のヒートマップ [1]

4.4.4　まとめと今後の展開

本節では，低残留タイプと高残留タイプの 2 種類の MO イメージング

167

プレートを磁界センサとして用いて，AI による深層学習により欠陥を自動検出する技術について紹介しました。今後は，腐食やきずといった欠陥検出項目の異常度の定義，正常と異常を判断する際の閾値の設定を検討する必要があります。加えて，人に代わって検査する非破壊検査ロボットの開発に向けて，MO イメージングプレートのサイズやコンピュータ処理時間のさらなる検討などの要素技術の開発が求められています。

4.5　まとめ

　現在，著者ら 3 名は国立高専機構教育研究プロジェクト GEAR5.0（未来技術の社会実装教育の高度化）に参画しています。GEAR 事業は，分野ごとに設ける中核拠点校が他の協力校と協働した研究組織を基盤として，企業，自治体，大学等の外部機関と広範な連携体制を構築し，高専の社会実装研究成果と人材育成活動の最大化を目指しています。令和 2 年度に始まり，マテリアル分野，介護・医工分野，防災・減災・防疫分野，農林水産分野，エネルギー・環境分野の 5 分野 6 拠点あります。各拠点は，中核拠点校の高専 1 校と協力校の複数高専からなります。

　鈴鹿高専はマテリアル分野事業名「K-CIRCUIT が牽引する高度先端マテリアル社会実装研究・教育」の中核拠点校で，エネルギー・環境分野事業名「水素社会実現に向けた社会インフラ構築のための研究開発と人材育成」の協力校です。鳥羽商船高専は，農林水産分野事業名「「とる」から「つくる」へ農林水産業の DX 推進プロジェクト」の中核拠点校です。その任務の柱が，研究成果を社会実装することです。

　研究成果の社会実装を目指す中での悩みは，実証実験が必要となるケースでは連携先が見つからないことや，共同研究先も面談までは行くケースは多々あるものの，なかなか共同研究に繋がらないことです。今後，本著より少しでも我々の教育研究にご興味もっていただき，社会実装に向けた連携をご検討いただけますと幸いです。

参考文献

[1]　R.Hashimoto, T.Itaya, H.Kato, J.Ito, K.Nakagawa, H.Nishimura and S.Fukuchi, :Magneto-optical imaging for nondestructive inspection of plate steel structures using deep generative models, *Journal of Information and Communication Engineerig*, vol.7, no.2, pp.448-454 (2021)

[2]　Bayes, D.P. Kingma, M. Welling, :Auto-Encoding Variational, ICLR (2014)

索引

著者紹介

板谷 年也 （いたや としや）

博士（工学）
鈴鹿工業高等専門学校 電子情報工学科 准教授
2002年　鈴鹿工業高等専門学校 専攻科 電子機械工学専攻修了
2013年　山口大学大学院 理工学研究科 物質工学系専攻 博士後期課程修了
2012年　鈴鹿工業高等専門学校 電子情報工学科 助教
2015年　鈴鹿工業高等専門学校 電子情報工学科 講師
2017年　鈴鹿工業高等専門学校 電気電子工学科 准教授（現職）
専門は，計測工学，非破壊検査工学など。
執筆担当：第1章，2.4節，4.1節，4.2節，4.5節

吉岡 宰次郎 （よしおか さいじろう）

博士（工学）
鳥羽商船高等専門学校 情報機械システム工学科 准教授
2015年　大分大学大学院 工学研究科 博士前期課程 機械・エネルギーシステム工学専攻
修了
2018年　大分大学大学院 工学研究科 博士前期課程 物質生産工学専攻 修了
同年　鳥羽商船高等専門学校 電子機械工学科（現情報機械システム工学科）助教
2022年　鳥羽商船高等専門学校 情報機械システム工学科 准教授（現職）
専門は，電磁気学，材料力学，破壊工学。
執筆担当：2.1～2.3節，2.5節，4.3節

橋本 良介 （はしもと りょうすけ）

博士（工学）
鈴鹿工業高等専門学校 電気電子工学科 講師
2011年　鈴鹿工業高等専門学校 専攻科 電子機械工学専攻修了
2015年　豊橋技術科学大学 日本学術振興会特別研究員(DC2)
2016年　豊橋技術科学大学大学院工学研究科電気・電子情報工学専攻博士後期課程修了
同年　鈴鹿工業高等専門学校電気電子工学科 助教
2020年　鈴鹿工業高等専門学校電気電子工学科 講師（現職）
専門は，磁気工学，薄膜工学など。
執筆担当：第3章，4.4節

COMSOL Multiphysicsのご紹介

　COMSOL Multiphysicsは，COMSOL社の開発製品です。電磁気を支配する完全マクスウェル方程式をはじめとして，伝熱・流体・音響・固体力学・化学反応・電気化学・半導体・プラズマといった多くの物理分野での個々の方程式やそれらを連成（マルチフィジックス）させた方程式系の有限要素解析を行い，さらにそれらの最適化（寸法，形状，トポロジー）を行い，軽量化や性能改善策を検討できます。一般的なODE（常微分方程式），PDE（偏微分方程式），代数方程式によるモデリング機能も備えており，物理・生物医学・経済といった各種の数理モデルの構築・数値解の算出にも応用が可能です。上述した専門分野の各モデルとの連成も検討できます。

　また，本製品で開発した物理モデルを誰でも利用できるようにアプリ化する機能も用意されています。別売りのCOMSOLコンパイラやCOMSOLサーバーと組み合わせることで，例えば営業部に所属する人でも携帯端末などから物理モデルを使ってすぐに客先と調整をできるような環境を構築することができます。

　本製品群は，シミュレーションを組み込んだ次世代の研究開発スタイルを推進するとともに，コロナ禍などに影響されない持続可能な業務環境を提供します。

【お問い合わせ先】
計測エンジニアリングシステム（株）事業開発室
COMSOL Multiphysics 日本総代理店
〒101-0047 東京都千代田区内神田1-9-5 SF内神田ビル
Tel: 03-5282-7040　　　Mail: dev@kesco.co.jp
URL：https://kesco.co.jp/service/comsol/

※COMSOL，COMSOL ロゴ，COMSOL MultiphysicsはCOMSOL AB の登録商標または商標です。

◎本書スタッフ
編集長：石井 沙知
編集：山根 加那子
組版協力：阿瀬 はる美
図版製作協力：菊池 周二
表紙デザイン：tplot.inc 中沢 岳志
技術開発・システム支援：インプレスR&D NextPublishingセンター

●本書に記載されている会社名・製品名等は，一般に各社の登録商標または商標です。本文中の©、®、TM等の表示は省略しています。
●本書は『KOSEN発 未来技術の社会実装』（ISBN：9784764960596）にカバーをつけたものです。

●本書の内容についてのお問い合わせ先
近代科学社Digital　メール窓口
kdd-info@kindaikagaku.co.jp
件名に「『本書名』問い合わせ係」と明記してお送りください。
電話やFAX、郵便でのご質問にはお答えできません。返信までには、しばらくお時間をいただく場合があります。なお、本書の範囲を超えるご質問にはお答えしかねますので、あらかじめご了承ください。

●落丁・乱丁本はお手数ですが、（株）近代科学社までお送りください。送料弊社負担にてお取り替えさせていただきます。但し、古書店で購入されたものについてはお取り替えできません。

KOSEN発 未来技術の社会実装
高専におけるCAEシミュレーションの活用

2024年6月30日　初版発行Ver.1.0

著　者　板谷 年也,吉岡 宰次郎,橋本 良介
発行人　大塚 浩昭
発　行　近代科学社Digital
販　売　株式会社 近代科学社
　　　　〒101-0051
　　　　東京都千代田区神田神保町1丁目105番地
　　　　https://www.kindaikagaku.co.jp

●本書は著作権法上の保護を受けています。本書の一部あるいは全部について株式会社近代科学社から文書による許諾を得ずに、いかなる方法においても無断で複写、複製することは禁じられています。

©2024 Toshiya Itaya, Saijiro Yoshioka, Ryosuke Hashimoto. All rights reserved.

印刷・製本　京葉流通倉庫株式会社
Printed in Japan

ISBN978-4-7649-0703-4

近代科学社 Digital は、株式会社近代科学社が推進する21世紀型の理工系出版レーベルです。デジタルパワーを積極活用することで、オンデマンド型のスピーディでサステナブルな出版モデルを提案します。

近代科学社 Digital は株式会社インプレス R&D が開発したデジタルファースト出版プラットフォーム "NextPublishing" との協業で実現しています。

マルチフィジックス有限要素解析シリーズ

マルチフィジックス有限要素解析シリーズ 第 1 巻
資源循環のための分離シミュレーション

著者：所 千晴 / 林 秀原 / 小板 丈敏 / 綱澤 有輝 /
　　　淵田 茂司 / 髙谷 雄太郎

印刷版・電子版価格(税抜)：2700 円
A5 版・222 頁

詳細はこちら ▶

マルチフィジックス有限要素解析シリーズ 第 2 巻
ことはじめ 加熱調理・食品加工における伝熱解析
数値解析アプリでできる食品物理の可視化

著者：村松 良樹 / 橋口 真宜 / 米 大海
印刷版・電子版価格(税抜)：2700 円
A5 版・226 頁

詳細はこちら ▶

豊富な事例で有限要素解析を学べる！ 好評既刊書

**有限要素法による
電磁界シミュレーション**
マイクロ波回路・アンテナ設計・EMC 対策

著者：平野 拓一
印刷版・電子版価格(税抜)：2600 円
A5 版・220 頁

次世代を担う人のための
**マルチフィジックス
有限要素解析**

編者：
計測エンジニアリングシステム株式会社
著者：橋口 真宜 / 佟 立柱 / 米 大海
印刷版・電子版価格(税抜)：2000 円
A5 版・164 頁

マルチフィジックス計算による
腐食現象の解析

著者：山本 正弘
印刷版・電子版価格(税抜)：1900 円
A5 版・144 頁

発行：近代科学社 Digital　発売：近代科学社

あなたの研究成果、近代科学社で出版しませんか？

▶ **自分の研究を多くの人に知ってもらいたい！**
▶ **講義資料を教科書にして使いたい！**
▶ **原稿はあるけど相談できる出版社がない！**

そんな要望をお抱えの方々のために
近代科学社 Digital が出版のお手伝いをします！

近代科学社 Digital とは？

ご応募いただいた企画について著者と出版社が協業し、プリントオンデマンド印刷
と電子書籍のフォーマットを最大限活用することで出版を実現させていく、次世代
の専門書出版スタイルです。

近代科学社 Digital の役割

- **執筆支援** 編集者による原稿内容のチェック、様々なアドバイス
- **制作製造** POD 書籍の印刷・製本、電子書籍データの制作
- **流通販売** ISBN 付番、書店への流通、電子書籍ストアへの配信
- **宣伝販促** 近代科学社ウェブサイトに掲載、読者からの問い合わせ一次窓口

近代科学社 Digital の既刊書籍 （下記以外の書籍情報は URL より御覧ください）

詳解 マテリアルズインフォマティクス
著者：船津 公人／井上 貴央／西川 大貴
印刷版・電子版価格（税抜）：3200円
発行：2021/8/13

超伝導技術の最前線［応用編］
著者：公益社団法人 応用物理学会
　　　超伝導分科会
印刷版・電子版価格（税抜）：4500円
発行：2021/2/17

AIプロデューサー
著者：山口 高平
印刷版・電子版価格（税抜）：2000円
発行：2022/7/15

詳細・お申込は近代科学社 Digital ウェブサイトへ！
URL: https://www.kindaikagaku.co.jp/kdd/